U0014861

斜槓人生大未來

從專業到跨界，全世界都在學的創業與就業的新觀念

車姵諳／主編

目次

推薦序

Chapter 1　創意與觀念篇

Chapter 2　創新與技能篇

Chapter 3 創業與成就篇

在「變」的時代，你必須要懂得斜槓

高雄市政府研考會主委 **李銘義** 博士

　　時代變化很快，種種的科技應用令人應接不暇，一些從前認為不可能發生的事，好比拿著手機就可以到處買東西，印象中，也才不到十年前，人們連上網買東西都還感覺擔心，現在卻已經活在虛擬貨幣當道的年代。有句俗話說：「好漢不提當年勇」，這個「當年」指的應該是幾十年前的年輕時代，然而，到了如今，所謂「當年」指的可能只是去年。例如小黃司機可能抱怨，當年我每月收入算是相當不錯，沒想到後來出現一種叫作「共享經濟」的新東西，於是載客市場被嚴重瓜分。

　　舉凡種種的社會現象也好，時代趨勢也好，總之這世界就是一個字：「變」。

　　如同本書所說的：「對現代人來說，你必須要培養多元能力，每種能力不僅要精通，並且要有自己的特色。」因為處在變化迅速的現代社會，那已是一種「生存法則」。

　　這幾年來，我也經常聽聞「斜槓／青年」這樣的名詞，透過媒體以及各類演講場合，也不時有關於這個主題的討論。本

書，是我這兩年所見過，對這個主題探討較為全面的書籍。透過書中幾位主人翁的論述，從不同面向的產業及個人經歷，斜槓這個主題，從定義、社會現象到具體的自我提升作法等等，都有獨到的見解介紹。

相信本書不只限於青年閱讀，就算是中年人，也該讓自己成為「斜槓／中年」，做好預備，讓自己可以迎向一個斜槓的世代。

這是本理論與實用兼具，值得各年齡層朋友共同分享的好書。

改變,才會蛻變

國立中興大學 運動與健康管理研究所 副教授兼所長
國立中興大學 創新產業經營學士學位學程 主任
國立中興大學 EMBA 高階經理人碩士在職專班 副執行長
英國倫敦大學國王學院 策略管理博士(教育部公費留學)

余宗龍

據說人的一生有幾次改變命運的機會,你/妳抓住了嗎?每當羨慕朋友的事業有成,生活美滿,你/妳是否試著改變想法、心態或生活方式?

「改變,才會蛻變!」您可以察覺,書中每位主角所具有的相似特質,就是面對現況或困境、勇於接受挑戰,在多變的社會環境擁有超強的適應力,並且很快找到自己的生存之道。在書中我們可以從中體悟到每位作者當時的背景、心境、做決策的歷程。因此,每位作者的案例,皆可作為深化我們試圖改變的勇氣、養分和能量。

在我自己的斜槓人生裡,我喜歡閱讀別人的故事、定期參加講座。成功的方法要學起來,失敗的原因更要認真探究,從他人經驗中減少錯誤。我習慣一次做一件事情,然後把它做到最好;我相信時間花在哪裡,成就就會在哪裡!

　　這是一本好書，指引了正在人生十字路口徘徊，而陷入迷茫的人們方向。我誠摯向您推薦！

以多技面對這個世界的種種挑戰

中華民國遊戲教育協會 秘書長 **林同亮**

在這個訊息萬變的社會，人們生存經驗已經和過往不同，一技之長走遍天下，或許已經成為過去的代名詞，現在的我們，會需要二技、三技、四五六七八技，才足以面對這個世界的種種挑戰，但往往知易行難，因為沒有遇到好的導師。本書集結了斜槓人生的九位專家，合力分享了他們的人生經驗，結合創意、創新、創業，讓想成為多職者的你、已經是多職者的你，在人生的階段選擇上，有了引導的明燈，學習高效率的方式，成為多才者，甚至銳變成多平台串聯者。相信他們的故事，可以豐富你的人生。

如果你身兼數職，該如何統整你的能力與資源？書中其中一位作者，是保險達人，是房市專家，更是財商課程的專業導師，在工作中摸索出專業，在分享中造福他人，讓財商知識的種子在台灣發芽。另一位作者，是公司負責人，跨足人才發展，更是教育引導專家，他統整自身專業知識，打造出跨領域雲端教育平台，讓台灣教育發展可長可久。

　　種種的專業經驗與斜槓人生秘訣，盡在此書中，斜槓人生的夥伴，快來尋寶吧！

斜槓觀念，人人都該參與

港都電台 **孫國祥** 副董事長

提起斜槓，我先由自己的經歷談起吧！在早年的時候，當然還沒有斜槓這個名詞，但其實，我以及身邊很多人都已經在做，直到這些年，這個名詞流行了，我們也斜槓超過三十年了。

以前我曾擔任某家食品公司總經理，當時我就鼓勵同仁們培養第二專長，當時我的做法，是利用周六的時間，邀請各部門同仁聚會，並且請每個人假想，如果由他來負責某個部門，他應該怎麼做？舉例來說，如果一個業務部同仁，今天讓他進入會計部，他打算如何在這部門發揮？

這樣的分享其實很有意思，一開始，可能大家講不出什麼具體的，但隨著一次次聚會，不同部門的人交流，後來每個人也越講越好，到後來，不同部門間也能了解彼此的工作性質，讓後續互動更順暢。

當然，這只是交流，不算斜槓，但背後卻具斜槓的精神。所謂斜槓，就如同業務部門去了解會計部門，只是，斜槓青年，不只去了解，也真正參與相關事務。這觀念在早年時候，主要

是以「兼差」的形式表現，例如白天擔任業務員，晚上撰寫企畫書，或加入直銷。另一個說法，是多職人。無論如何，共通的就是一個人擁有第二專長。

然而，只是擁有第二專長，做做副業，如同這本書也介紹到的，這只是一種多樣的工作模式，還不算斜槓。所謂斜槓不只是多一種工作的概念，而是一種態度，一種多元的投入，用另一個說法，就是多才多藝。好比說，我本身主業在經營電台也主持節目，另外我還寫詩呢！身為電台經營者，我有許多經營管理決策的事要做，有的領域，起初我只是玩票性質，但隨著用心投入，後來發現其產值已經不輸正職了。

斜槓是一種態度，一個人斜槓起來，人生就會變得多采多姿。在從前時代，可能斜槓的發展還有侷限，但現在不一樣了，透過網路，各種可能性都有。如同本書也強調的，一個人藉由創意、創新到創業，可以展現各種不同的未來發展模式，並且斜槓不分年紀，我們都看到，有十幾二十歲的年輕人，可以因

為好的創業模式一夜致富，而已經退休的人，也因為斜槓而找到職涯第二春，他可能忽然發現，就算退休了，但他腦袋還靈活，可以把這部分變成另一種形式為社會做貢獻，例如他就可以去企業當顧問，貢獻所長。

斜槓，到今天，已經不是要不要讓自己斜槓的問題，而是一個人若不斜槓，可能就會跟不上時代。必須再次強調，這是觀念問題，而非單純職業樣貌問題。

特別是年輕人一定要有這種觀念，不要想著白天工作盡本分，然後回家就追劇或窩在房間打電玩，人生若不斜槓，不只封閉，少了色彩，也會影響未來競爭力。鼓勵他們閱讀本書，在這裡有不同職涯專業人士分享的斜槓經驗，並融入三創精神，這是我非常推薦的好書。

讓自己更加斜槓，創造屬於自己的價值

國立臺北大學教授 **翁興利**

　　過去十幾年，國內的薪資並沒有受到實質的調整，因此只要是受薪階級的年輕朋友，或是三明治世代的您，一定一直在思考如何走出此一困境？如何增加收入？就算收入不增加，至少也要想辦法讓工作變得愉快吧？應該跳槽嗎？應該創業嗎？

　　夢想，有人只會做夢，而不會想。夢想應該是想到了什麼斜槓的方法，創造自己的價值，激動得無法入睡。這本書是由許多與您一樣，處在相同大環境之下的年輕朋友所撰寫，您的困境，他／她們遇過，您的困惑，他／她們想過，作者們成功經驗的共同特點就是讓自己更加斜槓，創造屬於自己的價值，實踐理想。

　　而理想，您一定有。如何讓您的理想能夠實踐，當然不是做夢就能達到。年輕人要有理想，但是理想不能太過理想化，看了本書，您就知道您的理想是不是太過理想化？有沒有實踐的可能？用什麼路徑去實踐？本書所提供的斜槓做法，確實是一條務實的途徑，值得您參考。

　　浩展，畢業於國立中山大學公共事務管理研究所，這個研究所本身就非常斜槓，學生來自各個領域。學生背景斜槓，師資斜槓，研究論文斜槓，出路也非常斜槓。來自這樣一個斜槓的學習環境，浩展在職場上自然發展得非常斜槓。忝為指導教授，個人對浩展的斜槓作法，非常了解，因此非常樂意為其推薦這本書。

有熱情，有意義，擇你所愛，愛你所擇

文藻外語大學英國語文系 **郭雅惠**

　　車主編是我在大學教授過的學生。當時車主編白天在旅行社，晚上到學校進修。畢業後踏入了保險業並完成了 3W50 週的殊榮，接著轉換跑道跨入金融業擔任財富管理顧問，之後還當起了線上主播，甚至跨足到出版社。她的斜槓人生跟本書九位作者一樣非常的精采。而閱讀本書，就好像是在跟不同領域專家們學習，吸收他們的經驗。累積越多精采斜槓人生故事會讓你充滿力量；充滿信心，甚至會讓你知道，只要你對你所做的事情有熱情，有意義，擇你所愛，愛你所擇，你的人生一定精采。更重要的是，或許你就是下一個本書的分享者。

活出自己想要人生的自由

《自媒體百萬獲利法則》作者 **梅塔**

大家對於斜槓的定義是什麼呢？

2016 年我開始「把自己的人生當成公司」訂閱服務後，看似一人公司的我對於斜槓這個逐漸成長的領域定義是：「自身同時有好幾個專長，能夠貢獻給好幾個公司，甚至在跨界市場領域持續獲利」。

擁有單一專長，並在單一公司工作到退休的生活在網路時代逐漸勢微，越來越多人在主業之外，選擇有多重職業及身分的生活。而這些多元身分與收入都能夠讓斜槓人創造收入並且養活自己。

我看到陳雷執行長的斜槓歷程，是持續透過不影響本業的不離職創業之路開始。他採取的是一種多重事業的職涯路線，這種人可能同時擔任兩份或更多的專業工作，在不影響本業的前提下，持續學習新技能為職場籌碼加分。又或是在某一行業得到相當成就時，能轉往另一行業發展，開啟新的職業技能。

　　這樣的借力使力，還有持續培養新技能的習慣值得大家在本書當中去思考：斜槓生活不只能取得本業以外的多元收入來源，也提供多元收入來源的保障。當你能夠從不同的來源獲取收入，你在正職事業上也可以冒更多的風險。更多的收入，意味著你可以擁有更多的選擇籌碼；更多的選擇，可以讓我們有活出自己想要人生的自由。

　　在未來 AI 時代，將會造成許多就業機會的終結。這讓我們開始思考，人存在的「價值」是什麼？我想就是專注在能產生心流的領域吧？在人不需要工作的未來，或許 AI 無法理解的領域之一就是玩樂。而斜槓生活，就是加速我們理解自己到底在哪個職業，具備能夠產生有心流領域的一種生活方式。

斜槓讓生活更有趣

弗洛有限公司 RHEA 蕾亞專業彩妝
品牌創辦人 / 創意總監

張嘉綺

　　年輕時，跟多數人一樣，總是有夢，便遠赴國外開拓視野，探究更多可能性。在不同的國度，接觸了許多不同領域的人、事、物，那些便成為我日後創立品牌的靈感來源。

　　多職、斜槓不是為了生存，斜槓只是讓生活變有趣。以我為例，我就無法多職，因為一直以來都只專研在彩妝的藝術中。我把生命注入在色彩的世界裡，看到多變的色彩，映在人的臉上，所煥發出的美，那就是我的快樂。

　　這本書我非常認同與感動，並且啟發讓我知道，人生可以有更多的生命色彩！如果說，生命是個調色盤，那麼多職就是色料，是用豐富多職的色彩，畫出自己美麗精彩的人生。的確，如同本書作者所說，許多時候，因為大環境背景，可能時機尚未成熟，所以成長各階段的學習並不會立刻派上用場。但並非學習無用，每一次的學習，都讓自己的未來增加更多的可能性。

　　用心的人，人生就會累積東西，變得「有用」人生就會晉升到新階段。如果你也想讓工作激盪出新的火花，想讓工作變得更有趣、想要成為一個擁有精彩多職平台的人生，那這本書中職場達人的現身說法，定能激發出你的發想與連結。

斜槓，不只是多職能，是多彩的人生

1111 人力銀行社群中心執行長 **曹新南**

斜槓青年／斜槓人生，已經成為近年來新的趨勢名詞之一，它似乎代表著一群多重職能／多重身分的人，也代表著一種新的人生態度。

以往我們常說：「擁有一技之長，終身受用。」後來大家說，一技之長已經不夠用了，我們要擁有「第二專長」，才能夠在變化快速的現今職場游刃有餘。

專長與興趣是不同的，以往我們可能擁有一個主要工作，而工作之餘的興趣是繪畫、音樂或是其他。現在，興趣不只是興趣，更要能發展成專業，更進一步與自身原有的專長職能相輝映。而斜槓生活，不只是專長的累積，更包含領域的碰撞，改變的勇氣，以及透過社群或其他方式的自我行銷。

然而，並不是擁有第二專長就是斜槓，或是擁有第二份收入就是斜槓，兼差從事第二份工作，已經不是新鮮事。斜槓代表著觀念的轉變，跳出舒適圈，對新趨勢的掌握，對生活的一種態度，更是一種新的人生觀。

　　我們現在身處的世代，技術飛快的進步，讓網際網路把全世界連在一起，而行動裝置的快速發展，使得所有人可以隨時隨地與他人互動、工作，卻也模糊了以往工作時間／休息時間的定位。工作即生活，生活即工作，已經是不可避免的新趨勢，但斜槓的生活，不代表無時無刻都在工作，而是在掌握自己的生活，透過多領域成就多彩的人生。

推薦序

如魚得水的斜槓人生

圖文作家 / 企業講師 **趙祺翔**

　　這幾年全球吹起了斜槓風，許多人都紛紛想在自己原有的身分上加上一槓，可能一個人既是科技菁英又是靜坐老師，既是咖啡師又是漂流木藝術家。原來從前世代所說的專業——一輩子專職做好一件事，不再只是唯一選項，人生的選擇其實可以很專情但也可以很花心，只要活出自己的精彩，其實並沒有標準答案

✅ 槓能載舟 亦能覆舟

　　想想自己似乎在沒有斜槓這個概念的時候，就成為了一位斜槓青年。2004 年，那時候的我既是金融業的業務人員，但是到了晚上又成為圖文書作者以及講師。到了 2012 年，我把講師的工作變成了我的主業，初期因有許多貴人支持，所以開展的還算順利，記得當時有一位邀請的承辦人員和我說：「老師我們會找上你，是因為你在講師中最會用圖像表達，而在圖像表達

的畫家中，你又是最會說的，這就是我們找你的原因。」當時他的這番話帶給我很大的影響，可能我的兩項專業都不是市場上最強的，但透過兩項專業一加一竟然有遠遠大於二的力量；但有人說「水能載舟亦能覆舟」，斜槓人生這回事，我想也是一樣。在我的人生歷程中也曾遇上和我一樣的斜槓青年，但在他們的身上我沒有看見熱情，沒有看見心甘情願，只有看見他們的野心和貪心，所以看著他們左一條槓右一條槓，而這左一槓右一槓，不就是一個 X 嗎？我就這樣看著他們為自己的人生畫上了一個個的 X，到頭來只換了個一無所得……

✅ 有價，有值，有快樂

在我看來，要打造一個斜槓人生，其實有三個很重要的因素，我歸類為有價、有值、有快樂，我從第三點開始說起。要斜槓的這件事，肯定要找一個自己願意投入，並且能找到快樂

的，這樣才能做的長久，才能夠持之以恆。想想，從事一項專業就夠累人了，更何況還要拿起另一個專業，這背後需要多大的心力。在斜槓的這件事上如果不能得到快樂，便很難堅持下去，而除了快樂之外，還要能產生價值，這份價值若是得到自己身上，相信會讓自己更有動力，但若是得到他人身上，也會讓自己覺得有動機有理由。我認識一位年輕人，他是旅遊規劃師，但是下班後的他是一位咖啡師，在網路上販賣他自己烘的咖啡豆，每個月，他會把他的每筆收入都捐出部分照顧他所關心的弱勢團體，下班後的他已經累得跟條狗一樣，但還是要日復一日的烘豆，除了他做這件事很快樂之外，他還想到這件事對他所關心的弱勢團體有價值，而且還能為他帶來收入。因此上述的有價、有值、有快樂，就是在斜槓的這件事上能得到快樂、找到價值、帶來收入，像上述我朋友的例子就非常符合以上三項，因此他的斜槓人生過的如魚得水，樂此不疲。

✅ 多一槓不重要，重點要槓上開花

　　隨著斜槓這個名詞的興盛，讓許多人產生了焦慮，很多人心想：「是不是我的人生也要多一槓？」其實有這樣的想法當然是無可厚非，然而沒槓找槓就變成了一種「抬槓」，其實槓不槓不是重點，槓上能開花才是最重要的。很開心能透過文字與現在正在閱讀這本書的你交流，無論你是正在摸索，或是需要建議，也可能你是想要一份支持，相信這本書其中的內容，一定對你有所助益，誠心的祝福你，希望這本書能指引你的方向。

一起來斜槓，一起闖江湖

Wee 聯合辦公室創辦人 **劉祥德**

　　回來台灣生活三年了，遇到了好多新朋友，每個人不只身懷絕技還都是多項絕技。有牙醫師因為自己的醫療糾紛去考上了律師執照，並且兩個領域都執業還兼任講師；有急診室醫師出來教簡報技巧；也有消防隊員上了 TED 還出書並改變了自己的職業生涯；也有學校老師變成多元跨領域的教育家；也有心理諮詢師同時也是位活動策劃及優秀講師……好像沒有幾項專業都不好意思在社會上立足了。直到後來才認識到有一個名詞叫做「斜槓」沒錯就是「/」slash。

　　上述幾位朋友都是先有一項穩定的專業後，再發展出另外一項或多項的專業，而且每一項都能變成單一的一項工作專業。而後我慢慢的了解發現，在這資訊爆炸的時代，這是個趨勢，也是一種生活。在原本單一工作崗位上的工作職能已經無法滿足，很多人為了更多的自我實現，學習了更多項的專業職能，也有些人為了自己的興趣積極的鑽研，後來也變成可以換取報酬的專業。這樣的斜槓是從原本單一的專業職能，透過不斷的

刻意練習再變成兩個或多個專業職能，再去服務或幫助更多的人，以獲得更多的個人滿足或是報酬。

我們常常聽說一招半式闖江湖，但僅僅一招半式卻不足以在江湖長久的立足。而本書有九個斜槓的絕好案例，誠心推薦不容錯過，讓我們一起來斜槓，一起闖江湖，你，今天準備開始斜槓了嗎？

人生一連串的選擇

國立台灣大學經濟學碩士
台新銀行文化藝術基金會董事長

鄭家鐘

　　斜槓人生要講的，不是結果你可以有多少職位？而是原因——你應該有什麼態度？首先，人生是一連串的選擇，但有時你的選擇是遠遠在邊界條件內的，是你限縮了自己的選擇。

　　我的人生一直是斜槓人生，因為我從來都是「兼一個以上工作」。我念研究所／記者，我當報社主管／講師／作家，我從事編輯／業務／發行／廣告。當時沒有斜槓這個名詞，只有「能者多勞」，但對我來說是「勞者多能」，斜槓就是邊界條件很遠，可能性總是用之不竭。我相信一般人都把邊界條件看錯、看小了，我總是不承認邊界的存在，而這是一種態度。要能斜槓還必須有個認識，就是你的時間畢竟有限，學習條件畢竟有不足，因此必須注意「施普倫三角」。

　　這個定律發現，訊息、能量及時間存在相互代償的關係。舉例來說，你要完成一件事，如果訊息少，要加速完成一件事

就需要大能量，像是靠人海戰術及長時間勞動。但如果訊息全，你可以叫電腦做事，甚至用 AI 擴大能量，那完成時間縮短，就會讓時間有用。

一個斜槓人生之所以可能，就是善用訊息（或技術）來彌補時間空間的缺乏，或重新打破空間限制（雲端服務）來節省時間，善用三者的代價作用，靈活調整調動時間、空間及訊息（或溝通與技能）。

本書透過很多創意發想及案例引導，來開發我們的邊界條件，來激發我們對資源的有效運用，值得推薦。

斜槓青年／斜槓態度／斜槓世界

本書主編 **車姵磘**

　　這個標題，看起來就很斜槓。當然，這是為了要強調本書的主題：斜槓。

　　可以肯定的，這是本非常適合您學習及自我提升的書，不只因為這本書可以讓我們同時接觸到不同職場領域、不同成長背景、不同職涯屬性者的人生智慧。也因為本書具有「衍生性」的功能，也就是透過舉一反三，以及跨產業交流的知識火花，為你的人生帶來種種新的可能。

　　簡言之，本書談斜槓，而書的本身也很斜槓。

✅ 讓我們從斜槓說起

　　首先，談斜槓，讓我們來定義一下什麼叫斜槓。

　　許多時候，一個觀念誕生了，就會擁有自己的生命。如同網際網路，一開始只是一種電腦間傳遞訊息的方法，僅應用在國防機構，後來拓展成翻轉全世界的資訊革命，這是當初所始

料未及的。

　　斜槓，一開始也只是個簡單的觀念，如同字面所述，畫條「／」，也就是英文字 slash，這就是斜槓。最早提出此一概念的人，《紐約時報》專欄作家 Marci Alboher 當時所要闡述的，只是一種工作型態選擇，一種擁有多重職業和身分的多元生活型態。最初，斜槓是一種相對的觀念，也就是相對於單一職業生活，那些斜槓青年，拿出來的名片，可以是 slash + slash + slash……

　　但事實上，若斜槓只是這樣，那在台灣可一點都不新鮮，畢竟我們很久以前就常在社交場合，和各種「斜槓者」交換名片。在台灣，當時是「斜槓中年」居多，只要名片一拿出來，就洋洋灑灑的許多職銜，又是保險經紀人、又是房仲又是某某健康食品經銷商。簡單講，就是「萬事通」先生。然而，在過往的印象中，人們私底下聊天也都會表示：「最怕認識這種人了，一個說這個也會那個也懂的人，其實什麼都不懂。半瓶醋響叮

噹，我才不敢把工作委託給這種人呢！」

時移事往，到今天，相信在許多場合，如商業公會聚會、慈善演講會上依然可以看到這類「萬事通」先生。如果是這樣，那 slash 的出現，有什麼新意義呢？

的確，slash 自己有自己的生命力。當初所指稱的「多職人」，那時候只是個身分名詞，但到了今天，slash 已經變成是一種「生活態度」。就好比有人說自己「很有風格」、「很有態度」，講的不是具體他在哪一行從事什麼工作，而是他整體的處世價值觀；同樣的，說自己是斜槓青年，就是指：我們是以「斜槓的生活型態」來面對世間的種種。

以我本身來看，「斜槓」的發展至少經歷了三次的質變。

▰ 第一階段，斜槓指的是「多職人」

例如名片上印著：「貿易公司採購課長 ／ 手作自創品牌老闆」，這已經是種簡單版的斜槓。

而容易和斜槓觀念混淆的，一個是多工者，另一個是兼職者。

前者好比是一個人，他可能本職是學校數學老師，又兼任理化老師、教務主任、安親班導師，以及數學教材作者，看起來很斜槓，其實只是在類似場域發揮人才效率，一人抵數人用。

後者則在台灣更普遍，就是所謂的打工族。學生自不用說，許多學生為了籌學費，一個人兼了很多差，白天當店員晚上做家教等等。就連成年人，在物價漲薪水不漲的大環境下，也不得不開發其他財源，白天上班晚上兼職做不同工作，例如擔任傳直銷商等。同樣也可以很多 slash，但其實這不算真正的斜槓。

因此早先時候，斜槓青年不好定義，廣義來說，「多職人」都被視為斜槓。

▌第二階段，斜槓指的是「多才者」

如果跳脫生計的考量，跳脫純粹的職銜羈絆。

當我們把 slash 前後連接的項目，由傳統的「工作職位」導向，改為「專業能力」導向。那麼所謂斜槓青年，就有了新的認知呈現。

其實，原本職銜本就不等於能力，所以從前台灣那些「萬事通」先生，很少能獲得信任。但如果先談實力，再談職銜，那感覺就完全不同。以前的斜槓意思是：「我有這種職銜（可以提供這種服務）／我還有另一個職銜（可以提供那種服務）」，但後來斜槓轉化成「我的專長是什麼（可以提供這種服務）／我另一種專長是什麼（可以提供那種服務）」

為何斜槓青年不會和所謂「多才多藝」者搞混呢？那是因為，一方面，斜槓不只是能力，也要結合經濟產能。另一方面，

斜槓的影響力要得到發揮，它需要適當的平台。於是隨著大數據及各種雲端應用更成熟，這些斜槓們，就可以透過各種平台，讓自己不必疲於奔忙，卻依然可以利用斜槓服務不同族群。

▌第三階段，斜槓指的是「多平台串聯者」

發展到現在，斜槓不只是一種觀念，也不只是一種生活態度。斜槓，已經成為一種新的「生活／職涯」型態。

當一件事成為型態，也就是變成社會普遍現象的時候，社會上就只有分成「跟上趨勢者」，以及「沒能跟上趨勢」兩種人。也就是，斜槓不是指特定優秀的人，而是人人都應該要讓自己斜槓。

那已是一種生存法則，對現代人來說，你必須要懂得十八般武藝，每種武藝不僅要精通，而且要有自己的特色。整個大環境舊有規範正逐步瓦解，越來越多企業不再聘請正職員工，而讓契約式的專業人員取代。任何人別想將未來寄託於退休養老機制，生存的唯一保障，就是讓自己能力夠強，也就是很斜槓，如此，才能在不同產業間游移。

說斜槓是一種型態，因為透過各種平台，如自媒體平台、個人商城、個人社群、個人直播等，你的平台和我的媒介交流，我的平台和他的媒介交流。你有你的閱聽族群，我有我的鐵粉群，我們可以透過異業合作交換資源，但也可能我和你原本看

似不相容，卻反倒交會出另類的火花。

斜槓與斜槓交錯，意味著，一群能力很強的人，跟另一群能力很強的人，彼此互動出更多的可能，然後在學習過程中，每個人也變得越來越斜槓。

事實上，不只人與人間如此，企業和企業間，也必須很斜槓。如同本書即將出版前，2019 年八月就有雜誌專題報導，網路讓產業間過往的藩籬被去除，許多以前不敢想像的界線被打破了，現在沙士公司可以和啤酒公司合作，賣沙士啤酒以及啤酒沙士；飲料大廠可以和零食廠商合作，推出飲料造型的零嘴；還有 Yahoo 聯名運動用品、BMW 聯名的限定名牌包等。過往，這類合作被稱做異業合作，但如今這類合作已經變成一種新境界，像是新品牌，卻又附屬在原有的品牌下。基本上，可以簡單用一句話來形容，就是「企業也斜槓起來」了。

✅ 你我都必須認識的斜槓

談了那麼多斜槓，讓我們進入本書主題，如何「過精彩的斜槓人生」。

如果說，「斜槓」是一個有多重解釋的議題，那「人生」更是如此，在現今世代，早已非傳統的「成功人生就是五子登科：車子、房子、妻子、兒子，以及最重要的銀子，五者皆備」。

在多元的價值觀下，有人主張不需要買房子，可以享受偶爾換環境的樂趣，有人屏棄養兒防老乃至於白頭偕老的觀念，覺得自由自在才是更重要的價值。

網路的興起，造就了另一種不分年紀的新新人類，帶來從前無法想像的全新致富可能。而大數據時代也顛覆了過往人們習以為常的生活模式。

基本上，比起十年前，現代人更需要「斜槓」。而斜槓如何學習呢？既然斜槓是一種生活態度，是一種生活模式。那麼斜槓的學習，也就不單單指技術面，而是包含觀念，以及觀念再衍生出的新視野乃至於轉型。人人都需要藉由不同思維，讓自己腦袋能夠更斜槓，如此，本書的誕生，絕對非常有助於渴求「斜槓競爭力」的你。

關於什麼是斜槓？在前面，我們談了大時代發展的定義，進入本書則會繼續從不同角度來做探討。當然對本書讀者來說，最關心的一件事，應該是「我如何從這本書得到對我未來生涯有幫助的知識」。

相信本書的讀者，並不限於年輕人，也包括正在不同職場打拼的人，以及工作資歷豐富卻正思考如何轉型的人。相信對不同背景的職涯人，本書都可以帶來一定的啟發。

最早時候人們會說，某某人是「斜槓青年」，後來卻發現，不只年輕人因應未來多元社會需要斜槓，就算已經進入職場一段時間的成年人也需要斜槓。

提起斜槓，人們腦海中會浮現許多問題：

- 斜槓就是指要考很多證照嗎？
- 我已經年近四十，這樣的我還可以斜槓嗎？
- 斜槓就是代表要脫離上班族生涯嗎？
- 斜槓會讓我沒時間陪伴家人嗎？
- 一個人斜槓收入就會變多嗎？

不論任何斜槓相關的問題，相信結合本書幾位主人翁的經歷，都可以提供讀者不同層次的省思。

本書雖然會談到人們關心的斜槓議題，但整本書聚焦的主題其實還是「如何擁有好的生涯，進而擁有幸福的人生」。我們相信處在變動的時代，有三「創」觀念非常重要，亦即「創意」「創新」「創業」。

創意，讓我們的工作和生活有了新意，並且促進找到轉型的契機

創新，讓我們的生涯有了突破的可能，創新可以打造藍海，再創人生高峰

創業，讓財富格局有往更高境界發展的機會，當然，並非每個人都適合跳脫上班生活去創業，但創業也可以是一種職涯轉型的概念，就算在企業內，也可以「內部創業」。

全書依照三創主軸，分三段主題闡述。

創意與觀念

本章著重在建立正確的基本思維，當面對職涯選擇、生涯瓶頸或人生不同的轉折思考點，如何透過「斜槓」觀念的應用，讓自己變得更有競爭力？

邀請到的三位專家。分別是：

⭐ **程云美**

透過職涯三階段發展，橫向連結產學界，成為一個多元跨域的教育家。

⭐ **黃昱仁**

正統的斜槓青年，將理財教育及遊戲充分結合，指導迷惘青年走出坦途。

⭐ **黃柏勳（丹丹）**

有著心理諮詢顧問背景，以及豐富人資培訓經驗，傳授斜槓思維指引迷津。

創新與技能

　　本章著重於斜槓養成實例，傳授如何結合核心本職學能，讓自己在固有領域開拓出新的可能。

★ 李建興

一個體育國腳，如何在中年成功轉型，成為橫跨體育運動、觀光休閒、餐飲與企業管理等不同領域的大學教授及系主任。

★ 李鳳玲

面對新興媒體崛起，如何在最傳統的媒體做出 No.1 成績。她的斜槓，為原本的產業帶來更多新的可能，也成為業者學習的模範。

★ 羅浩展

這是個「上班族」成功案例，他把職業當志業，活用個人斜槓經驗，在企業內不斷創新，並發揮他的影響力，改造企業，築夢踏實。

創業與成就

　　本章列出三種創業的模式，分享如何在原本的專業領域上，藉由斜槓提升多功能力，進而開創新的事業。

⭐ 方曉珍

從一個最基層的髮廊小妹做起，最終成為時尚達人，被稱作「美麗教主」。並且將「美」的領域應用在多種產業，甚至包含房地產業，她也做得有聲有色。

⭐ 陳雷

最典型的從一個小小店員，到後來成就非常斜槓的大事業。他的經歷，分享了如何藉由證照以及社群網路等應用，讓自己的身價，倍數成長。

⭐ 楊璦妃

從小公司秘書，經歷了種種斜槓多工錘鍊，後來創立了自己的學院。她的斜槓涵蓋領域非常廣，但彼此間都有互動加分的關聯。她將分享一路成長心路歷程。

最後，我將整合每位老師的斜槓精髓思維，並結合我自身從財務領域斜槓到文化與媒體領域的經驗，來為斜槓觀念做一個歸納總結。書末也摘取每位老師的斜槓箴言，提供給每位讀者做複習參考。

相信透過幾位老師的專業分享，以及這樣的整合梳理後，提出的寶貴人生智慧，得以讓每位讀者，不論現在身處哪個行業，都能有一定的啟迪。

基本上，斜槓不是「混加、混搭」的概念，斜槓比較像是「連結、相互輝映」的概念，也就是「乘法」，而非加法。

如何「連結」呢？正如本書每位主人翁，透過將人生各種專職專長要素相連結，成就新的人生境界。相信你也可以透過和本書作者們的「連結」，讓原本的生活，激出新火花。

翻開這頁，讓我們斜槓起你的燦爛／美麗／充實／多彩人生。

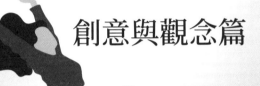

Chapter 1

創意與觀念篇

人生是一場又一場精采的教育學習

打造跨領域教學平台的斜槓導師 **程云美** 👤

是否曾在成長路上感到迷茫？猶豫不知該先升學還是先就業？

是否總在人生不同的歲月卡關？擔憂未來的路該怎麼走？

是否懷疑學習的意義？學習和人生如何契合？怎樣做好學習？

到底如何成為斜槓青年，如何將能力具體落實應用？

🖋 **斜槓特色：**具備多重職能，擁有實業界歷練及學術正規師資培訓，並整合出全方位的教育學習

🖋 **斜槓領域：**以「教育」為核心，拓展出結合產業與學界的跨域雲端平台

她是位老師，但不單單只是位老師，她可以說是業界師資培育的推手。

她的教學充滿熱誠且具有強大的靈魂頭腦，除此之外，她能透過自身經驗將其傳授給其他老師，更為難得的是，她組織了一個非制式的教學平台，整合不同的師資及學習者，透過專案課程與多元合作的方式，打造雙贏的局面。這種整合的優勢在於，它場地不限、師資無限、以及教學領域的多樣化，並透過教學成果的交流激發出更大的火花，做到多元化優質的教育服務，讓老師「學有所用」，學員「學有所依」。

她就是程云美，一個賦予教育新生命的美麗高雄女子。

像這樣整合出一個非凡多元教學平台，背後究竟是經過什麼樣的職能養成？其實，放眼望去現有的正規教育體制內，並沒有這樣的機制。云美能夠完美的將產業與學術這兩種元素結合，真正的緣由是她過往十多年來的歷練造就她具備多元化的專長，並且各項專長可以彼此支援，才能形成具有如此龐大影響力的體系。

可以說，早在斜槓青年這個名詞出現前，云美就已開創她的斜槓人生了。

斜槓專長發展出多元化教學

在教育領域中，有許多令人敬佩的師者。相信在每個人的生命回憶裡，或多或少都有一兩位令自己深深懷念，好希望當面跟他／她再說聲謝謝的良師。然而，這位良師出現在哪個階段呢？有可能是小學時代啟蒙你基本識見的導師，有可能是中學時代陪著叛逆的你一起度過成長低潮的班導，當然也可能是大學時代打開你知識視野的教授，甚至是任何時候，藉由演講或書籍，徹底翻轉你人生觀點的勵志大師。

無論如何，以上這些老師不太會是同一個人，畢竟一個在中小學教書，跟一個在大學授課，乃至於擔任技職教育導師的人，各自屬於不同領域。特別是從師院科班出身正統教育體系的教師，與產業界實戰歷練出身、傳遞職場技能的培訓導師，二者專業領域不盡相同。

然而，云美如何做到同時橫跨學術界跟產業界？她教育的學生群，從稚齡兒童到大學殿堂裡的莘莘學子，也包含年紀邁入中老年的在職進修者。

她是如何化不可能為可能？讓自己的教育版圖如此多元？

這是因為，從少女時代起，云美就很用心建構職業核心戰力，並且累積多元經驗讓她往後在教學領域，有著無可取代的斜槓優勢。

什麼叫斜槓優勢？如同云美在演講場合經常強調的：「所謂斜槓，

不單指一個人懂很多東西、興趣很多樣。」一個人白天上班，晚上兼差做一份工作，甚至假日又兼差做另一份，這樣的情況並不叫斜槓，那只是一種「到處兼差，累得半死」的概念，也就是一個人犧牲自己時間及體力從事多種工作。縱使這個人把每個工作都做到夠專業，那可以稱他為「多才多藝」，**但真正要達到斜槓的境界，要從核心價值出發，將自身領域的專長透過整合、彼此連結變成助力，帶來新的價值。**對云美來說，她的核心價值，也同時是她人生志趣，正是「教育」。

　　舉個實際例子，云美本身擁有教育部部定合格的大專講師證，也具備勞動部共通核心職能講師資格。經營文教事業同時也在大學授課的她，也因為教學深受學生喜愛，時常受邀到學校演講，以及到不同企業做內部員工培訓。這樣的職涯發展不是任何人都能複製的，因為那需要投入學習與經驗累積。

　　對學生們來說，不論是少年或成年，她們對云美最感到佩服的，是那遠比證照還重要，充滿活力的教學熱忱加上以身作則終身學習的感動力。很少人可以像她這樣，在不同的教學項目中，融入多元領域的元素，並將其變成獨特的講授風格，在市場上獨樹一幟。

　　曾經有位培訓學員問她，為什麼在老師身上好像有千百種多變的法寶，有如小叮噹的百寶袋一樣，總有好多東西可以學習？云美笑答：「只要用心學習都有機會成為獨特的自己。」

遊戲化的教學設計

　　在云美多樣的教學法寶中，有一項令人印象深刻的專長，那就是運用遊戲化的方式在課堂中與學生互動。

　　提起遊戲，相信世上少有人不愛玩遊戲的，任何枯燥的場合，如果有了遊戲，學生們肯定就會振奮起精神。然而多半的情況，遊戲是遊戲、教學是教學，特別是對成年人來說，遊戲似乎是小朋友們才愛玩的東西，只有小朋友才需要邊玩遊戲邊學算術。真正要將遊戲變成教學化工具，而非上課上到一半，怕學生打瞌睡，於是來個娛樂串場的概念。對云美來說，遊戲不是附屬的提神藥，而是增進學習動機的因子，不論是對孩童以及成人都一樣。

　　前幾年，云美在大學授課，她發現學生們在課堂上經常無精打采，在智慧型手機與網路普及的今天，更是人手一機，大家上課幾乎都在低頭滑手機。低頭滑手機有二個原因，一是老師講課不夠精彩無法吸引學生注意，二是手機裡的世界太誘人。因為關心學生的學習，更為了提升學生注意力，云美做了各種嘗試後發現，透過遊戲化教學的方式，是最能引起學習動機的。於是她開始朝這方向著手，試圖將教學想要傳達的重點融入遊戲裡，藉由自己設計教材教具將遊戲機制放入，也將教學互動設計在手機 APP 程式中。在教室中實際應用多次後，發現遊戲式學習的確有助提升學生的學習動機。從學期初，學生總是當

低頭族，到學期中，學生已經懂得在課堂中抬頭互動，這是一個成功的例子。

云美漸漸發展出自己的教學遊戲化系統。2016 年左右，桌遊在臺灣已逐步流行，但在南臺灣尚未普及，云美是高雄地區將桌遊融入教學的先驅者。她當時因為參加教師研習，實際操作後發現這是一個可以幫助教學的媒材，並且多樣化的產品可以有不同的應用方式。於是，便選擇與高雄地區的大學合作，開設桌遊種子師資培訓班做推廣，讓更多老師將遊戲化的方式導入至教學現場。

就這樣，不論是學校、社團或者文教事業機構，云美發展的桌遊教學方式，開始像種子般發散。到了現在，除了桌遊之外還不斷創新遊戲式主題教學設計，而至今云美開設的班級都深獲好評。

也因為不斷的在此領域研究深化，以自身的課程主題「打造人際溝通力」為核心，融入美國心理學家威廉馬斯頓 (William Moulton Marston) 的 DISC 人格特質理論。云美建構的專屬遊戲化課程，除了令人耳目一新之外，這個課程也成為獨門亮點，包含各地區的就業服務站，甚至學校及企業都爭相邀約她去進行這樣的重點課程。

對云美來說，她的志業就是教育，讓各種不同層面的學習都足以得到提升。她深信整個國家社會的興盛根源，就是人人都有穩健的學習基礎。透過遊戲化教學，云美讓學習變得有趣、更有料也更有效。她真正的撒下了熱情教學的種子。

在發展遊戲化教學課程前,需要先體驗桌上遊戲。從早期桌上遊戲的經典款:妙語說書人、拉米、諾亞方舟、超級犀牛、快手疊杯、醜娃娃等,到現在台灣多樣的原創遊戲與國外遊戲,云美體驗的遊戲將近一百多款。也因為大量的遊戲體驗,從其中的機制拆解發現有許多相似雷同的地方,透過桌上遊戲玩家都知道的國外 BBG(https://boardgamegeek.com/)網站,了解遊戲機制以及桌遊的各項分類,從兒童遊戲、家庭遊戲、骰子遊戲、圖板遊戲、卡片遊戲、戰爭遊戲、抽象遊戲等。從不同面向的遊戲中分析、提取需要的元素,再加以重新設計,並運用在教學中。

云美認為遊戲的應用面向非常廣,從兒童教育、高齡學習、諮商輔導,到共通核心職能課程與企業內訓中皆可廣泛運用。

這幾年與學校、工協會開設的「遊戲化教學設計」相關課程,培訓了上百位種子老師。同時云美也在大專院校擔任業師,透過一些簡單的機制,讓大學生們發揮了無限創意,其中產出的作品,令人驚豔。除此之外,云美也透過關懷協會的邀約,歷經兩個月的時間,教授具有教育局合格教學支援人員的越南姊妹,如何從遊戲體驗中發想越南語文遊戲,並順利產出二款遊戲。目前已帶進國小與社區做越南語教學,也獲得教育局與社會局的讚賞。

云美也因此累積了各領域的教學經驗,過程中除了教學也與學員們一同相互成長,課後大家也亦師亦友,交流討論繼續學習。

設計一個小遊戲並不困難。以撲克牌心臟病為例，透過反應類機制，設計出多款小遊戲，在課程中可用於破冰，也可以透過放入知識點，從互動遊戲中達成學習的目的。

不斷淬鍊讓能力升級

如今云美已是業界培育師資的推手，但追溯她的學習歷程，最初她卻是學商業廣告設計進入職場的。

成長於高雄的云美，五專時期所學的就是商業廣告設計。天生有著冒險性格的她，當時放棄在家裡經營的補教事業工作的機會，選擇去挑戰不一樣的人生。五專畢業後就到臺北擔任電視節目企劃，第一個企劃的節目是公共電視的兒童音樂節目，當時跟著線上綜藝大咖的幕後工作團隊學習，這也是她人生第一階段的「實務培訓」。

當時二十出頭的她，從沒想過有一天會當老師。因為她求知若渴，認為社會這個大環境，有太多可以讓她學習的地方。於是她在人生地不熟的臺北，從一個媒體公司的企劃助理開始，之後十年間歷經不同行業的磨練，南北奔波。包括在百貨公司負責整體廣告行銷宣傳，為了櫥窗布置總是忙到清晨；在飯店、在房仲業、在廣播電台也都是擔任企劃活動設計的要角。

雖然企劃工作是她的興趣，但會是她的志業嗎？其實，工作的形式，不代表就是工作志趣，例如廣宣企劃，重點包含行銷、設計，也包含拜訪客戶時人際關係的應對進退。從專科畢業後的這十年是云美的人生闖蕩期。對她的影響主要有三個：

1.　<u>**建立職涯認知：賺錢只是為了累積基本生活支用，但非第一目的**</u>

2.　<u>**找到學習樂趣：廣泛嘗試各類工作，了解自己的專長以及侷限**</u>

3.　<u>**拓展視野管道：多接觸不同的人，知道不同的價值觀以及人際溝通技巧**</u>

　　這也是云美建議每個年輕人找工作時，先要有的態度。因為**薪水福利是有階段性的。現在不代表永遠，但資歷、經驗、能力以及眼界開拓的累積卻可以是一輩子的。**年輕最大的本錢就是時間，與其斤斤計較一千兩千的加薪，不如將焦點放在打下長遠人生幸福的基礎。

　　也因為有了這十年的歷練基礎，之後云美決心再返回校園時，她知道自己想學的是什麼。她不是為文憑而學，她真正渴望的是吸收系統化的知識，而老師教授的許多內容也能和她的工作經歷相互驗證，並創造出更多元的想法。這樣的學習才是真正的學習。

　　大學畢業後，可以先花幾年時間體驗職場生態，或者去遊學看看世界，了解自己真正想唸書的時候再投入，會有加倍的學習動力。

三階段人生職涯升級法

　　云美的職涯，可以分成三階段。這也是她提供給年輕人的三階段人生思維參考。

・第一階段：多元探索～累積千里馬特質

　　在每個人最青春的二十歲到三十歲之間，她把時間投入在不同的職場中。

　　這階段她算是典型上班族，選擇的場域以不同性質的企業為主，也有大型籌備階段的企業。她總是一人身兼多職，企劃、庶務、公關接洽……總讓自己學習的觸角打開並寬廣。在這階段，云美讓自己多嘗試，多接受不同挑戰，重要的是她本身也熱愛學習，希望從中慢慢提升自己的專業，並培養與人溝通的敏感度及能力。

★ 這一階段的特色：有一個很重要的任務，那就是找出「真正想要什麼的自己」。

　　畢竟求學階段的「歷練」有限，許多的職涯專業，例如業務拜訪、客服諮詢、品管測試等。一個人在校時期可能不曉得自己的志趣，只有當投入該項工作才發現，自己非常擅長且熱愛這樣的工作。這些都要靠社會歷練才可得。

・第二階段：學習提升自我價值～專業能力定位

　　云美在約三十歲的時候結婚，之後生養子女。為了把更多時間留

給孩子，她離開上班族生活回到她的出生地南台灣。但工作能力很強的她，選擇繼續以微型創業並自行接企劃設計案。

伴隨孩子長大的過程中，她逐步感受到一種前所未有的感覺，尚不能說是成就感，但每當她因為教養或陪伴孩子而學習新事物，並看著孩子因此有所改變時，她確實感受到與上班時那種「只為完成任務而打拼」截然不同的心境。

後來云美決心再重回校園，並且她選擇的正是教育科系。當初念這科系，為的是可以用來教養自己的孩子，但她後來慢慢在學習中，認清自己心中原來對教育工作是如此的熱愛。

大學念的是幼保系，研究所時期則主修成人教育。這時的她非常確定自己要的是什麼，她上課所學也很快連結應用在她的職涯上。

從三十幾歲到四十幾歲這十幾年，云美變成了教育人，並且在教育這個領域變得非常斜槓。她創立補習班，也親自教學。她上課主要是為了想親自站在老師的立場看待教學。而在取得教育學碩士學位後，也開始到各大專院校任教，同時間也廣泛接受企業邀請去做職涯培訓，更考取勞動部核心職能師資格，此後服務的範圍又比之前更廣。因為人脈廣的緣故，云美也幫助企業培訓師資的媒合，很多企業及講師透過云美，很多的資源都能得到轉換。這時她不但是個人脈達人也是個社團紅人。也因她不斷的自我挑戰與修練，去年又邁入博士研究的生涯。繼續念書不只是為了文憑，而是在理論研究中再精進，於日後能

幫助更多的產業在專業教育訓練上有效提升。

★ 這一階段的特色：找到自己的專長及樂趣後，讓這個職能加以精進。

　　對職場上的朋友來說，如果你是在企業服務，當確定這是你值得投入的產業，那就針對這產業的未來發展，透過各種進修方式，讓自己保持終身學習的心，在這個崗位上變得更加與時俱進，更加不可取代。

・ 第三階段：穩定發展～成功創造人生舞台

　　在坐四望五的年紀，經歷過一次有驚無險的身體危機後。如今，云美選擇將人生專注在自己真正想做的事情上——透過教學幫助更多的人。這個階段的她，既有一定財務基礎及職能保障，且孩子也已經長大，人生過往各種經歷也都很精采。面對人生下半場，她可以為了教學熱忱，也為了實踐夢想而全心投入想做的事。

　　有了過往豐富的人生經歷，云美發現，她在這社會上是較特別的。既有豐富的業界實戰經驗，又有本科的教學專業及資歷。她知曉企業的經營管理行銷宣傳實務，也理解上班族的心聲。這樣的經歷，只有走過的人才會理解其中酸甜。

　　所謂「天將大任於斯人也，必先苦其心志。」如果過往的種種人生歷練，這些辛苦都只是船過水無痕，沒有留下些什麼的話，那就實在太可惜了。云美決定好好善用她的斜槓專業，做到全方位整合。

　　現在的云美，憑藉著在產業界和教育界的人脈，來做雙向對接。

也就是一方面她可以幫企業界推薦好的培訓講師，不論是人資、管理或財務專業等等，她都將全力協助服務。另一方面，她也可以引薦有經驗的業界管理者，到學術單位授課。希望透過職能培育幫助更多的人在職場增能，同時結合產官學，針對任何有興趣的成年人，培養終身學習概念。

★ 這一階段的特色：追求人生自我實現，同時也對社會做出貢獻。

人際溝通是斜槓養成重要的一環

在人生不同的階段皆有各自的使命。所謂斜槓的養成，絕非今天一個人對自己的職場競爭力產生危機感，再來臨時抱佛腳。以云美的經歷為例，她的斜槓來自於人生不同階段的累積。沒有年少時代用心參與不同挑戰的歷程，也難以建立之後不同階段的體悟，以及對不同職能連結的敏感度。

而不論是哪一個階段的歷練，云美認為有一個共通重要的關鍵，那就是必須建立好的人際關係。包含跟自己職涯領域相關的人脈，也包含其他多元的領域。因為往往跨界的學習，可以帶來過往難以想像的新火花，事實上，斜槓的精神之一，就是透過跨界的影響力，讓原本每一個獨立的項目，展現更多樣的可能。

而在人際關係的學問中，如何溝通真的是一門學問。在云美進入企業機構內，從事訓練輔導的過程中，她就透過仔細觀察發現到：專業技能的培育，可以慢慢靠時間來累積，而內在態度面，就必須靠自我反思與覺察來做一些學習與調整。就如同冰山理論，在水面上的部分為外顯行為，很容易讓人發現，但是在水面下的內隱行為，也就是深層的態度面卻是最難發自內心而改變的。

　　有些企業團隊對於團隊合作方面，夥伴在部門溝通時出現了一些問題，例如甲要照自己的方法完成任務，乙卻覺得這樣行不通，希望照著乙自己的方式進行，兩方各持己見，就變成各做各的，沒有進行有效溝通。在爭吵的過程中，帶入情緒也導致任務時間延遲，形成內部資源的浪費。也因為彼此都堅持，無法同理對方的做法，讓問題如雪球般越滾越大，導致無法收拾。

關於人際溝通，有幾個課題：

· 如何做好有效的溝通？

　　必須先從自身出發，了解自己的個性與特質，覺察人際溝通的問題點，再慢慢修正自己。也可以藉由學習來了解同事的人格特質與做事方法，透過同理、傾聽、信任等，打開自己的溝通開關，慢慢主動

進行溝通。或許一開始沒有那麼如意，但相信若是將自己的心門打開，接納許多聲音與想法，每前進一小步，都算是進步。

・如何認識自己與理解他人呢？

云美依據美國心理學家威廉馬斯頓博士的理論，其透過分析、統整，歸納出的四型人格 DISC（分別為 Dominance、Influence、Steadiness、Compliance）研究設計出一款「森林狂想曲」的卡牌進行遊戲，參與者可以從卡牌遊戲中解密出四個不同的自己。她也告訴年輕人，「認識自己」為首要。

透過卡牌的選取，能夠在較短的時間內，判斷出個人基本人格特質。從最基本開始學習認識自我。又再將其進一步的互動方式，透過周哈里窗理論（Johari Window），讓自己了解到你在別人眼中的特質是什麼樣貌，與自己表現出來的又是否相同。這是一個有趣的發現。接著透過遊戲的方法，能夠更聚焦於人格特質的特性，也更能了解要如何進一步與各類型的人做有效的溝通。

以上這樣的遊戲化方式，是目前正在企業與學校推廣進行的「打造人際溝通力」課程，成效非常卓越。

學習，是一生的功課

本身是教育專家，對於「如何學習」，云美提出了對每個學習者

來說，很重要的見解。

云美認為終身學習，對現代人來說非常必要，並且所謂學習，其實是沒有界線的。像在校念書，可能拿到文憑，或獲得一門功課的學分，就是「結業」。真正的學習沒有結業，因為外在環境永遠處於變化的狀態。任何人都需要保持著與時俱進的概念。當社會環境改變，倘若沒有持續學習，除了跟不上腳步外，還會與社會脫節。

她在教學現場也是如此告訴學生的，只要有空閒，除了參加研習或工作坊，也會自費參加公開班學習，甚至覺得有價值的課程她也會北上與老師請益。曾經在她新接的在職班級中，就有學生下課跑來跟她說：「老師，我們曾經在某某老師的課程中看過您。」驚訝之餘，也認證她的實際行動。學生能夠理解她言出必行，並且以身作則，她本身即是一個最好的教材。她也時常笑著說：**「我不是在教學現場，就是在學習的路上。」**

先學習，後實習，再學習

關於學習，云美也有幾項給年輕人的建議。她鼓勵年輕人，在人生階段可以策略性採取「先學習，後實習，再學習」的模式。實習是重要的，因為透過實習，也就是工作歷練後，知道自己真的不足，以

此為前提再次回學校念書，那時才真的是為自己的成長，而非為了學位而讀。當然，這是比較屬於年輕人的專利，所謂「時間就是本錢」，如同云美在她二十幾歲的階段，也是透過這樣的歷練，才打下日後更好的發展基礎。

對未來茫然，其實不只是十幾歲的青少年會碰到的問題。實際上，就云美所知，她接觸到的一些人，都尚無法清楚掌握自己的人生方向，有的人尚在摸索，有的則是從沒想法，走在不適合的道路上，雖然每天感到痛苦，卻仍繼續「堅持」下去。但所謂學習，就包含這樣的痛苦歷練，當一個人從原本不懂到逐漸體悟，從摸索方向，到堅定志向。學習的歷程，只要肯用心，日後回想，都會是感動的。

云美在經歷過人生職涯上半場後，因本身的努力與超強行動力，讓她獲得非常多別人沒有的經驗，對於這些也一直以正向的態度來面對，無論是好是壞，她都當成一個寶貴的經歷來看待。

目前她投入了教學職場的工作，無論是課程講授或是與學員互動，每一次都是經驗的傳承。

現在的云美，教學的範圍非常廣泛，她特別關注的是學員的需求，包含職能訓練，以及追求自我實現的種種觀念。為此，她除了親自擔任教育導師外，每天有許多的行程是關於資源整合的工作。此外，她也歡迎和不同的產業或學術單位合作，大家共同貢獻自己的資源，一同為社會教育盡一分心。

遊戲達人與
理財斜槓人生

樂予學院創辦人 **黃昱仁** 👤

透過斜槓的身分是否可以為自己增加財富？
_____

是否斜槓只代表自己擁有多重身分？
_____

多重身分背後需要負擔什麼責任？
_____

若是一個小資上班族，可以怎樣開始斜槓？
_____

🖊 **斜槓特色**：打造可以「創造價值」以及「能夠助人」的斜槓

🖊 **斜槓領域**：金融理財與教育

台上老師正在講授的課程，內容還算充實，但可能因為是下午一兩點時段，學生們飯後有些昏昏欲睡，這時候，老師心中有點著急，想要找法子提振班上士氣，忽然想到眼前不正剛好就有一個救兵，那就是此刻在台下旁聽的另一位老師黃昱仁。

　　老師邊看著昱仁邊對著台下學生說：「等一下我們就請昱仁老師透過遊戲來讓我們更認識這堂課……」

　　沒有預先排練，並且只有三分鐘時間讓昱仁規劃準備，三分鐘後，真的換昱仁上台了，很神奇的，昱仁不慌不忙，真的當場帶動學生玩遊戲，過程自然輕鬆，全體也都立刻融入遊戲的情境。

利用遊戲來帶動學習情境

　　說起遊戲，雖然黃昱仁在本書出版的這年，年紀也才三十歲出頭，但他確確實實的已經有超過十五年的「遊戲教學」資歷。也就是說，他在才十四、五歲的少年時期，就已經開始在當老師了。

　　原本只是參與教會的活動，基於服務的熱誠，他自願去協助輔導兒童班，每個星期教導小朋友不同的專業，像是歌唱跳舞唱聖詩等等，但如果週週都是如此，那也有些無聊。昱仁不希望只是陪小朋友打打鬧鬧殺時間，他期盼可以教導給孩子們些真正實用的，或至少有趣的東西。

也剛好昱仁本身就是個具備好奇心，喜歡嘗試新事物的人。他曾因為看到電視上的魔術表演，覺得新奇有趣便自己買書來學，當時在教會他就自告奮勇要教小朋友魔術。但同樣的魔術表演不能一再使用啊！畢竟，教會活動每週都有，不是一年只有一次兩次。起初為了應付每週新的課程，昱仁被逼得要趕快「精進手藝」，他必須拼命再去學更多的魔術。但幾週下來，昱仁逐漸發現自己學東西很快，並且也很融入這種自我挑戰的感覺。結果就這樣，昱仁由一個玩票性質的小小魔術好奇者，變成一位可以在不同場合，有模有樣展演奇技的魔術表演老師。

除了魔術，昱仁在教會還教導孩子們很多其他的學問。他會教樂器、教英文、教理化實驗、教生物。與其說昱仁在教小朋友新東西，不如說，藉由教導教會兒童班的機會，昱仁用責任來督促自己，不斷學習新事物。

也就是從那個時候開始，少年昱仁確認了兩件事：

<u>1. 人生最快樂的時刻，就是幫助別人、看到別人開心歡笑的時刻。</u>

<u>2. 在所有的教學方法中，如果能夠融入遊戲，對教學最有幫助。</u>

十多年下來，昱仁在這樣經常性的磨練下，雖不是教育體系出身，卻已然擁有豐富的教學經驗以及熱情。他的兩大專長，可以適用任何科目：

第一個專長就是，他非常擅於「研發」遊戲。昱仁本身當然也會

　　　　　　　　　　　　　　　　　Chapter 1

蒐集各類的團康或者民間趣味遊戲，但他的**遊戲重點在於教育學習，而非娛樂製造氣氛**。因此多數時候，他是自己發明遊戲。不論是學習數學、學習人際互動、以及學習商業理財，他都能發展出相應的遊戲，讓學生們在課堂中能立即上手，增進學習了解。

這些遊戲有些需要用到簡單隨手可得的道具，有些則只需大家共同參與並不需要任何道具。昱仁已經對遊戲掌控非常熟練，乃至於能夠自然而然的融入任何一個科目情境，因為他腦袋裡不斷想著「我應該在這堂課採用什麼遊戲，才能讓師生更加進入狀況？」也因為昱仁的這項遊戲專長太精湛了，認識他的朋友都知道，因此就算昱仁臨時被台上老師 Cue 上台幫忙，他也可以從容的在極短時間想出適合當下情境的遊戲。

另一個專長，就是他學習的速度非常快。長久以來，他已經習慣性的設定，學習就是為了「要幫助人」，這讓他學習時總比別人多點用心。他不會上課走神，也不會上課只求簡單的結論摘要。他總是想著**「我現在學的東西，如果我要再傳授給別人，我該如何詮釋？如何講授才能讓學生更聽得懂？我是否可以讓這個主題「遊戲化」有助於教學？」**昱仁的學習速度非常快，他有能力就算只抓住講課的七分熟悉度，也能衍生出他再傳授出去的教學體系。這種快速學習抓重點的習慣，讓他學什麼都無往不利，例如房地產投資，這件事對許多人來說門檻較高，是並不容易進入的領域，但昱仁卻完全靠著興趣與自學，從無到有，累積房地產知識，最終也成功在這些年裡，買進賣出至少

七間房地產，成功投資獲利。

　　就是站在這樣熱愛學習，以及熱於助人分享的基礎上，昱仁發展出他的斜槓模式。

擁有真正專業的斜槓項目

　　說黃昱仁是斜槓青年，這點是肯定的。他每天的生活，真的在不同的斜槓項目中奮鬥打拼。他有很多的身分，但如同昱仁經常上課跟朋友所分享，所謂斜槓，其實人人都是斜槓。好比說，最基本的，一個人可能既是某對夫妻的子女，但又是某位孩童的父母；在辦公室裡是老闆的下屬，但也是自己部屬的主管，當然也包括扮演丈夫、鄰居、或者社區委員會成員等等的角色。只要每個角色定位不同，都是一種斜槓。

　　當然，實務上，**我們現在所指的斜槓，是指一個人擁有不同的職能，每個職能可以創造不同的工作價值**。「價值」二字在此是很重要的，例如一個學生可以下課後身兼多職，又當家教、又去飲料店打工、又去發傳單等等，這些只能算是「多樣」，為了賺取收入的不同種類工作。**但真正的斜槓，則是一種可以藉由你「個人的品牌」幫人群服務，並取得認可**。好比說，如果一個人的名片頭銜，真的可以掛出「牙

科醫師／智慧財產權律師／土地買賣代書／蘭花品種鑑定交易」，那就是個典型的斜槓青年，每個領域都很專業，都有客群需要服務，他不可能只是自己開個牙科診所，懂一點智慧財產權皮毛，自學土地買賣，有玩一點蘭花，就自封自己是這些領域的專家。

斜槓，不是掛個頭銜炫耀用的；斜槓，是一種自我承諾，也是一種責任義務。代表我願意用那個身分，為你提供服務。

也因此，雖然從小至今，黃昱仁因為熱愛學習，精通的領域眾多。但他在指稱斜槓青年時，自認自己目前只符合三項，然而即便是這三項，也都是難得的專業。並且昱仁也期許在這三項裡，都能夠提供最專業的服務。

★ 昱仁謙稱自己目前專長的三個斜槓項目：「保險金融理財／房地產仲介／職能培訓講師」

其實，除了這三項外，他還有一項別人無可取代的專長，那就是遊戲化設計。多年來他已經設計出好幾百款新遊戲，目前也正著手設計桌遊，期望能讓教育界作為教學的輔助。

最終目的，還是要幫助人。這是昱仁所堅持的，不論一個人再怎麼斜槓，都不可以忘記的初衷。

不一樣的理財觀

　　多數時候，一個人擁有的斜槓，會有個核心項目。對昱仁來說，他的斜槓以精神面來說，就是要幫助人。秉持著從前在教會當老師的一貫信念，只是現在他將教學拓展到更大範圍。而若以專業性質來看，他如今的核心則是「理財」。

　　少年時期喜歡教學，但為何日後昱仁並沒有朝師資培訓界發展，沒去修習教育學分，走的反而是商業路線呢？那是因為，他從小觀察發現，**影響一個人一生幸福的關鍵，往往就在理財。**

　　提到這，相信許多讀者會聯想到《富爸爸窮爸爸》系列的觀點，人生以追求有閒有錢為目標，並以為昱仁的觀念，大概就是「從小學理財，長大後才可以賺大錢」。但昱仁表示，他當然不排斥賺錢，但也絕不認為賺錢是人生最重要的事。他的理財講課，的確強調從小就要建立正確觀念，但這所謂「正確觀念」卻又不同於一般坊間那種強調如何快速致富、各類的投資理財竅門等等。也因此，他的課程，不同於公開報名廣邀人氣的那類，相反的，他經常婉拒各種邀約，他要求邀約單位，一定要充分了解他強調的「健康理財」精神，唯有站在這樣的基礎上，他才會去授課。近年來，昱仁也較少採取駐點授課形式，而喜歡去不同單位做專案培訓，特別是去各類社福機構，因為，他認為這些團體更需要學習「健康的理財」。

什麼是健康的理財？如果一種理財只適合那些有錢人，平常人只能站在場邊看，那不是健康的理財。**真正的理財，要適合任何人，並且也不強迫改變任何人。**不會說一個人不積極追求財富就是魯蛇，也不界定一個人若戶頭金額不夠漂亮就不幸福。然而昱仁經常看見兩種極端。一種人講究各種技巧，各種速成法，並且為了追求財富，往往輕視上班族生活，認為這是失敗的生活模式。而只要不是這一種人，那就被他歸類為另一種人，也就是不擅理財的失敗者。所謂「你不理財，財不理你」，似乎已經預見，在未來的日子這類人注定要成為前者的對照組，一邊是可以提早退休吃香喝辣，一邊是晚年淒涼，流離失所。

這不是昱仁認同的財務觀。

★ 「別忘了，金錢最終還是為人服務。金錢只是種工具，但太多人把金錢作為人生標準，不只以此來衡量成功失敗，甚至以此來主導世間其他所有價值。」

昱仁有時候對這樣的金錢觀感到無奈。他自己非常強調，他開設的理財班，鼓勵從小朋友年紀開始上課，但不是孩子們小小年紀就去學如何賺大錢，相反的，他要小朋友認知到，每個人的個性不同，專長喜好也不同，例如有人適合投資股票，但有人就不適合。**真正的財商教育，要建立的是觀念，而非特定的技巧。**特別現在已經是網路社會，未來社會樣貌會變得更多元。理財最重要的是打好基礎，不讓觀念受到侷限。總之就是**要學習如何用有限的資源，做出最好的選擇，**

創造更高的價值。

這方面的理財教育，的確和坊間不論是股票基金或房地產等的理財課程不同，起初推展不易，但只要抓住做人的基本價值，強調人生為何而活，正確的理財觀，還是會逐漸被接受的。

找出理財與人生的真正關聯

其實，理財如同生活中的許多其他事一般，基本上都是觀念問題。正如同昱仁從少年時期就懂得最好的教學方法是透過遊戲，讓孩童可以用另一種觀點去看待原來的學問，原來數學可以用這個角度看，原來理化可以這麼有趣。

同樣的，在理財領域的教學，昱仁也從觀念扎根：讓孩子先培養正確觀念，並覺得這件事很重要。財商，簡單講就是學兩件事：

- **如何創造金錢**
- **如何駕馭金錢**

但這世間沒有一定的模式適用任何人，正如同有人喜歡穿金戴銀，別人覺得俗氣他自己卻覺得瀟灑；有人習慣過簡約寧靜生活，他的慾望需求不多，但也不代表就一定要兩袖清風。最重要的，就是知道自己要什麼。

對孩童來說，要從小建立的四個重要觀念：

1. 生活是要靠努力賺取的

根據統計，有 37% 的孩子是小小月光族，他們以為錢伸手就有。若這樣的觀念不改，將來長大很容易成為真正月光族。從小，就要讓孩子了解金錢的重要（但不是告訴他變成富豪的重要）。

2. 強調品德

一個人就算一無所有，也比犧牲品德而擁有龐大財富的人要值得被尊敬。

做人是最基本的。（而非「做有錢人」是最基本的。）

3. 一定要懂得知足感恩

要知道這社會上運作的每個環節，都是大家在不同崗位上盡心盡力的結果。我們要為付出感到驕傲，而非一味崇拜富豪。知恩惜福的人，往往最終能在自己的財富上獲得成長。

4. 懂得忍耐

財富的獲取過程，經常需要忍耐。好比說，如果一個年輕人，設定了理財計畫，在沒有富老爸做後援，也沒有中樂透取得意外之財的前提下，理所當然，第一桶金需要時間來累積。如果設定了目標，每個月規定自己要存多少比例的錢到理財帳戶，那就要說到做到，忍耐著不追求眼前的享樂。此外，在許多的投資工具上，也需要一定的忍

耐，如果發現自己的個性比較急躁，可能就不適合該理財工具。

　　而對成年人來說，昱仁重視的是：

1. **你了解你現在的狀態嗎？**

2. **若你喜歡現在的狀態？那依照你的個性，我可以幫你做理財規劃**

3. **若你不喜歡現在的狀態，那就去思索如何透過理財來改變你的人生**

　　無論如何，答案可以因人而異。一種價值觀產生一種結果，正確的理財觀念，才能幫助自己過得更好。關於這些，都是觀念層面的東西。聽昱仁的課，會得到很多關於感恩、惜福，關於助人的內容，而不是如何搶短線投機致富。

　　昱仁也舉市面上流行的大富翁金錢遊戲為例。這個遊戲主要強調的是「如何從一百到一千」，遊戲的基礎重點，就是要擁有第一桶金，透過這一桶金，加上正確投資，可以錢滾淺，滾出大錢。但遊戲沒告訴我們如何「從零到一」，以及「從一到一百」，然而現實世界裡，卻是大部分人都煩惱著如何「從零到一，再到一百」。而這正是昱仁及他的教學單位，致力的理財領域。

　　「與其羨慕別人多麼富有，我們不如先抓住自己眼前的滿足。當我們看到別人的光鮮亮麗，我們其實沒看見他背後可能的種種不堪。金錢不是人生最高價值，金錢存在的目的是要幫助我們人生過得更好，若只為了追求財富，那將可能迷失生活真正的意義」

★ 「我們要懂得讓金錢幫助我們，不要讓我們成為服侍金錢的奴隸。」

兼差就是在創造斜槓

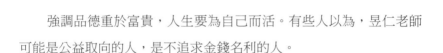

　　強調品德重於富貴，人生要為自己而活。有些人以為，昱仁老師可能是公益取向的人，是不追求金錢名利的人。

　　但再一次，昱仁要強調他的金錢觀，金錢是為人服務，我們不一定要追求讓自己成為億萬富翁，但不代表著自己一定要變成窮光蛋。事實上，這些年來，昱仁靠著抓住趨勢，了解理財工具，投入了房地產投資領域，屢戰屢勝。從二十幾歲就靠自學，摸索出房地產投資的竅門，他如今也是房地產投資達人。

　　他也用自身證明，不需要靠投機取巧，一樣可以理財有成。他一邊穩紮穩打的從事對社會有幫助的事業，一方面也在能力許可範圍內，做到成功理財。

　　當然他也碰到許多和他一樣的年輕人，好奇詢問如何從零開始，創造自己想要的財富呢？說到這，便又要回頭來談談「斜槓」。我們現代人為何要追求「斜槓」？當然不是為了聽起來時髦，實務上，**每個斜槓一定要能創造價值，以自身來說，那個價值就是「額外收入」。**當然不否認有些斜槓項目的公益取向，但其中一定要有大的項目，是

可以直接帶來月收入增加的。

　　昱仁認為在守住自己本業，做自己真正喜歡的工作之餘：

1. **依照自己現有的資金實力，做適當理財**

2. **若覺得單靠目前工作收入不足以因應。那建議從兼差開始，拓展新的收入來源。這也往往是斜槓的開頭**

　　當然，我們認識的許多斜槓青年，**他們的斜槓，不一定是為了要增加收入，但許多時候，斜槓的確因為價值提升，最終都會變成個人的報酬提升**。最常見的情況，就是擁有很多證照，畢竟，一項專業不能靠自吹自捧就成為名片上的職銜。如何確認一個人是否具備某項專業能力，一個最佳的方法，就是看他有沒有證照。一旦取得證照，就代表有客觀公正的機構，認證你可以執行該項工作，而往往也因為證照具稀有性，所以取得證照也意味可以開發更多的報酬。

　　如果要讓自己斜槓，除非有的項目是從小就有興趣的，否則，就要靠進修。而「取得證照」這件事，正適合作為進修的目標。以昱仁本身來說，他的三個核心斜槓：

・ **保險經理人角色，肯定需要取得相關證照。**

・ **房屋仲介，也是經過考核取得正式的資格**

・ **講師身分，昱仁更是有十五年以上豐富經歷的專業。**

　　但說起斜槓身分，昱仁也要強調，**年輕人初始投入斜槓多重身分，**

要有心理準備，因為它需要很強大的自律以及做好時間管理。

　　談起時間管理，首先昱仁要告訴每位讀者的是：時間不會越管越多，所謂時間管理，主要管理的還是自己，也就是要讓自己做事更有效率。有三個參考重點：

・事先演練

　　花同樣時間做同一件事，有經過事前演練的，跟沒經過演練的，結果會差很多。在沒有演練的狀況下，可能光摸索錯誤就浪費很多時間，並且一環扣一環，這件事影響下一件事，將帶來整體的低效率。

　　昱仁鼓勵每個人養成思考習慣，包含針對之後要進行的重要事情，在事前做演練。當然不是凡事如此，好比說每天都要刷牙、沐浴、煮飯等等，這些例行事務不用。但如果等一下要去拜訪客戶，或做專題演講，那就一定要事先演練。這種演練也包含意外模擬。好比說，原本約好的會議被取消了，我們要如何安排時間？而不是不知所措在原地空等到下一個行程。這些都需要規劃。而演練本身也需要練習。

・建立串聯和並聯的觀念

　　時間是可以多工同步的，其實不該有什麼空等或沒事殺時間等情況，會有時間誤差，往往可能是事件串聯沒做好。所謂串聯，例如先洗手後吃飯，這是有序列性的。推演到更複雜的事，例如蓋一間房子，必須先做水電再做木工，如果一件沒做好，另一件就會卡住。串聯也有賴事先規劃。以昱仁本身例子，假定本週有個學術會議，會議中需

要專題海報，這個海報需要設計製作，若不是由他本身製作，就必須事先發包，若他在會議前一天才想到這件事，那海報肯定就做不出來。而當他一週前就發包，接著再忙其他事情時，海報也已經在進行中。

至於並聯，對斜槓青年來說也非常必要。我們可以在同時間做很多事，例如搭公車時聽演講錄音。現實生活中，配合每個人的工作屬性，好比一個老師在做學測監考的同時，也可以邊整理另一個專案的筆記，而不是就坐在椅子上發呆等下課鐘響。這是並聯的重要。

· **事後修正**

經常我們評估某件事要花一個小時來完成，然而實際上卻得花一個半小時。實務與估算不同，這就表示當初估算時有了疏漏。例如舉辦會議，沒有估算到拍照及 Q&A 時間；製作一個會議簡報，沒有估算到尋找適合圖片的不容易，這時候就會想到，以後應該要建立一個圖庫專檔，方便日後做簡報應用。基本上，每一個估算錯誤，都要成為具體教訓，讓下回不再犯錯，也就讓時間管理調整到越來越有效率。

以上的時間管理事宜，對身兼多職的斜槓青年來說非常重要。

斜槓人生以及工作取捨

斜槓青年，本身也必須要有責任感。這點，昱仁也用自身的例子做說明。最早剛出社會，昱仁尚未斜槓的時候，他算是個普通上班族，

擔任生技公司業務工作，大約工作第五年才投入保險業。至於房地產投資，則在生技公司時期就開始了，但當時只是純粹投資。

在保險公司服務至今超過五年，中間做了一次重要轉換，從原本的人壽保險公司，轉職到保經體系，大約也在同一年，昱仁開始變得斜槓。他自己的教育機構先成立，命名為「樂予」，樂予學院的創立，有雙重意義，第一重，該學院的命名，跟昱仁的女兒有關，他女兒名字倒過來，就是樂予。學院取名樂予的第二重意義，自然就是字面上的意思，也就是樂於給予。至於進入房仲產業，則在同年的冬天。實務上，對昱仁來說，雖然保險和房屋是斜槓的兩個項目，但在應用上，都歸納在理財的範圍內，也就是說，一個客人，只要有理財的需要，那保險和房地產投資都是適當的選擇，也都同屬於昱仁的業務範圍，並不衝突。

而在保險項目，昱仁特別要說明的，他做的是保經，所以可以搭配客戶不同的需求，規劃不同保險公司的保單。但也許有朋友會問，那之前離職那公司的保險規劃呢？這裡假定那家保險公司叫做 A 人壽保險。

如同昱仁在離職前一一和他當年承保的客戶聯繫所說的：「保險，是終身的承諾，也是我對你的承諾。因此，即便我離職了，並且公司也安排了交接體系，保戶的售後服務不受影響，但基於責任，我願意承諾，任何人只要透過我手上買的保單，我都一定負責到底，一通電

話，有需要我處理的地方，我一定做到。」

　　其實，在現代，包含保險房仲及許多業務性質產業，流動率高，消費者也不強求當初買保單的窗口終身不離職，但像昱仁這樣願意負責的年輕人，反倒讓客戶覺得非常難得。

　　基本上，由於昱仁已經離開 A 保險公司，所以日後這些客戶的保費都和昱仁無關，而昱仁也不會做出，好比刻意誘導 A 保險公司客戶跳槽改買其他公司保單的事，因為就事論事，保單本就是越早買越有價值，他當然不會要客戶放棄舊的保單。當然，若客戶基於自己的需求，想要購買其他的保險，那就屬於客戶自己提出的需求，如此一來昱仁做服務就沒有道德問題。

　　總之，身為一個斜槓青年，昱仁強調，不論你今天此時此刻從事的是哪件工作，都不該以犧牲另一個工作為代價。若將來評估，某個工作應該提高比重，哪個工作可能要割捨，那就是人生的重大抉擇。通常當那樣的時候，就代表自己某個事業發展得很好，必須成為單一選擇的時候。

　　斜槓只是人生的一種選擇。

　　不要為斜槓而斜槓，要以追求人生最大成就感，能夠對社會帶來最大貢獻為依歸。

　　這才是真正的斜槓。

不只是斜槓青年，
而是教學斜槓化

企業講師，心理諮詢顧問以及職能培訓達人 **黃柏勳（丹丹）** 👤

任何人都可以成為一個斜槓青年嗎？

斜槓到底是「必要」還是「時髦」？

我今天擁有的一切，可以適用到十年後嗎？

如果我從事培訓工作，我該如何結合我的斜槓經驗？

✎ **斜槓特色**：從根本思考「做人的意義」，找出斜槓精神，以
　　　　　　及具體的生活應用

✎ **斜槓領域**：以心理諮詢專業，結合對人的興趣，拓展到各種
　　　　　　培訓及顧問範疇

他經常想著一件事情：為什麼人們會以某種方式來做某件事？是因為那是處理該件任務的最佳解決方案？還是只因為那是上級交辦他應該這樣做？是因為已經仔細想清楚了必須如此進行？還是只因為別人都這樣做，所以就跟著做？

身為一個擁有專業心理學碩士學位的青年，他對各種學術上介紹的心理病症，或人類的肢體語言及情緒表現等等，非常了解。但他總覺得，任何的學問，一定要能在「實務界」派上用場才有意義。也因此，從一開始，他就選擇不將自己的生涯定位在醫學象牙塔，而是選擇走入人群，雖然這條路會比較困難且較難獲利，但他決心要活化心理學這門學問。

這些年流行斜槓青年這個術語，很多人設法學很多東西，讓自己斜槓化，而他則是將他的心理學作為核心職能，融入各種專業，在不同領域創造「斜槓經驗」。

他是黃柏勳老師。以下是他的故事分享。

因為助人，所以必須斜槓化

從小，柏勳就是很愛思考的人，這讓他在學生時代，看起來有些嚴肅。反倒年紀稍長步入社會，如今也是知名講師的他，看上去像是

個看清世間真相的悟者,臉上總是掛著親切的笑容,任何人看到他都感到心情愉悅了起來。

在心理學的訓練底下,他會去重新思考許多被視為理所當然的事,甚至經常會不由自主去挑戰舊有社會的框架。例如當他念心理研究所,於暑期被派往醫院實習的時候。傳統上的工作界定,心理師和精神科醫師是分屬兩個不同領域,基本上心理師可以去了解病人症狀,但不能有具體的治療行為,只有精神科醫師才能開藥或做具體治療。柏勳認為,自己懂一門專業,卻無法具體幫助病人,若是如此,那至少跟醫師交流意見應該可以吧!就在他實習那年,有一個同樣也是醫學院的實習生,商請是否可以在柏勳陪病人心理衡鑑時,讓他在一旁觀摩,柏勳同意了。沒想到這件事被主任認為是「有違分際」。柏勳受到很嚴厲的懲戒對待,他被下令立刻停止實習歸建學校,後來是在老師力保下才不至於喪失學分。

這件事帶給柏勳很多新的思考。後來他也更加了解,這個社會上很多的事情,有著所謂的潛規矩,不同的規矩後面,可能有其相應的涵義甚至行之已久的歷史背景。

日後,不論在學校或是在職場,柏勳也經常試著去跳脫墨守成規的舊思維,他在教學與培訓現場中,透過教學方法改革以及教學工具提升,經常做出種種的創新,最終他可以讓學生或學員得到更有效率的學習,但過程中卻也得考量如何在不太挑戰舊制度下,保持一定的

界線分際。

在心理學這個領域裡，分科上有三種專業，即臨床心理師、諮商心理師，以及研究人類基礎心智歷程的基礎心理學。前二者，都牽涉到一對一的問診，而柏勳選擇的是第三種，他想要當個能夠將心理學具體應用在生活上的人，也就是說，他想要真正去幫助人。

也就是植基於助人的信念，他一路走來在從事諮詢或培訓服務，有三個基礎原則：

1. **如果真的要幫助人，那就必須設法「站在他的角度」，如果可能，最好能懂對方的語言。**

為此，柏勳總是讓自己不斷學習。他的學習不設限，包括心理學相關領域，也包括其他領域，例如他可能去學習水墨畫、體驗教育、桌遊、卡牌等等，只為了去體驗不同的視野觀點。

2. **一件事要能真正被傳達，過程必須不失真，因為這世界存在太多的「溝通」問題了。**

人對人的善意，可能會被誤為是別有用心；某人教導某人想要達到某個結果，卻因為溝通沒能落實，最後白費工，搞得雙方都不高興。溝通非常重要，柏勳特別重視這一部分的提升，而原本心理諮詢其實也是一種溝通與探詢的技巧，只是柏勳更加活用。

3. **智者曾說：「這世間唯一不變的一件事，就是任何事都會改變」，**

<u>因此我們需時時勤學習、時時調整自己。</u>

以柏勳來說，就算同一個演講主題，他在面對不同族群時，講的內容絕對會不一樣。而同樣的主題，這個月講跟上個月講，也一定有大幅更新，絕不會發生同一份 PPT 可以用好幾個月的情況，任何資訊落差，身為教育者，他無法容忍在這方面有所怠惰。

基本上，柏勳把焦點關注在如何助人，他研究的也是「了解人」的學問。他沒有特別要去拓展自己成為斜槓青年，但面對時代的變遷日新月異，以及他想要幫助更多人這樣的事實，讓柏勳也就自然而然斜槓了起來。

將心理諮詢落實為溝通及教學應用

心理諮詢，聽起來很專業，實務上，我們一般人也很少有機會認識朋友從事這行。然而心理諮詢卻非許多人所想像，必須要有心理疾病或內心苦悶等等的情況才去找尋諮詢。其實對我們大部分人來說，平常早已深陷在各類的「心理應用」場合。

可以說，大部分人總以為他能夠「做自己」。實際上，在團體社會中，人人都不免受到大環境的影響，並且每天都活在這種「被影響」的氛圍裡。舉例來說，當走在路上，你發現人們經過某個角落時，都

會朝某個方向看，那你一定也不由自主跟著看，這就是從眾行為。去夜市吃東西，或者在選舉場合，人們也難以一切都依賴自己的判斷做選擇，不免會讓別人牽動自己的思緒。可能某個攤位排隊人很長，心中就會認定這家東西比較好吃，或某某候選人被討論度高，自己也不免會被拉過去。而處在商業社會裡，那些廣告商早就將心理學充分融入銷售行為裡，像是限時限量大特賣、打折搶便宜、會員尊榮禮遇、送小贈品等等，每個背後都有一套心理戰術，而一般消費者，很難從這些行銷手法中全身而退。

既然心理應用是生活的必需，重點是「如何善用」，特別是關於人與人間的溝通。要做好專業以及溝通，柏勳先讓自己越來越斜槓，懂得越多他才可以做到最佳的溝通。這就好比一台翻譯機，這機器可以做好最準確的轉譯工作，前提是機器本身要有足夠的資料庫做基礎。

在研究所時代，柏勳就經常擔任教授與學生間的溝通橋樑。常見的情況，某某知名教授的學問博大精深，能夠在他的課堂上課真的非常榮幸，前提是「如果聽得懂他在講什麼的話」。而柏勳當時也兼任助教，他的一大常態工作，就是在下課後，另外找時間，用他自己的語言，重新再教導一次教授的課堂內容。可以說，直到柏勳講課時，學生才算「真正」上到課。

畢業後，柏勳在知名電信集團擔任企業內訓講師。他扮演的角色，也是個重新詮釋者。他要把當年大家都很「霧煞煞」的種種電信專業，

包含專有名詞介紹：什麼是 3G 什麼是 4G，以及不同款式機型的功能操控等等，化繁為簡，以讓人可以聽懂並接受的形式轉譯，他不只要教導同仁們懂這些專業，還必須培訓他們如何去教導消費者。在當年，他也負責第一線直接為消費者上課。

同樣的，如今主要擔任企業講師的柏勳，經常受邀去企業界或在學校開課，不論要講的主題是什麼，柏勳非常清楚，**他要做到的就是把那個主題，以消費者「聽得懂並做得到」的形式傳遞。**為了這樣的目的，他認知到傳統上，講師們照本宣科，或單純公眾演說的傳遞模式，必須更改。柏勳上課，除了結合簡報之外，他還善用各種輔助工具，如卡牌、桌遊還有數位培訓工具等。

並且他絕對不做那種「我講完課就算盡責」的老師，柏勳總是要求他的學生能夠「真正」吸收。為此，他善用心理學上的一門知識，也就是認知心理學。他要學生不但記得今天上課內容，並且就算過了一個禮拜後，也仍不會忘記。另外他也很關注課堂中的實踐，以及是否可以真正應用在日常生活中。

在學習的領域，有一個著名的遺忘曲線理論 (Forgetting curve)，依照該理論，在人們學習的過程中，「遺忘」是有規律的，基本上是先快後慢的模式，也就是說，在學習一項知識後，如果不趕快做「複習」的動作，那麼一天後，當初學習的內容，學生已經大半都忘記了。隨著時間的推移，遺忘數量再逐步減少。但若能在遺忘前，進行複習，

整個遺忘曲線就會改變，遺忘速度就會變慢。因此在柏勳的課堂，他喜歡採取「參與式」學習，透過遊戲或討論的方式，讓學生邊聽邊學也能邊複習，讓學習真正產生效果。

或許，你不得不斜槓了

一件事會依照某種流程來進行，可能是集結前輩的智慧，也可能只是約定俗成。有個故事：

某個科學實驗，在籠子養了五隻猴子，籠內有個平台，上面放著香蕉。每當有猴子想要上去取香蕉時，就會有強力的水柱把猴子沖走，讓猴子痛苦的吱吱叫。久而久之，這批猴子就知道，不能去拿香蕉，否則就會遭致被水沖的懲罰。

實驗第二階段，科學家分次把舊的猴子撤走，放入新的猴子，直到後來，五隻舊的猴子都已撤出，籠內已經都是新的猴子，科學家也沒有再對猴子噴水，但這批新猴子，明明都沒被水噴過，卻也都不會再去碰香蕉。

這個故事，不論是真是假，傳遞的是「資訊流通的方式，會代代相傳，即便大環境可能已經變遷，後人還是不明就裡繼續遵循。」許多事情追究源頭才知道是怎麼回事。古早時候，時代變遷比較慢，可

能老祖宗傳下來的作法，就算經過幾百年，後代都還適用。但到了現在，科技日新月異，包含營養學、醫學以及各種學問，可能今天以為是如此，下個月就又不一樣了。好比說，很長一段時間，人們認為胃潰瘍純粹是因為壓力過大，後來才知道，胃潰瘍的主因之一其實是幽門螺桿菌感染。千百年來，家家戶戶都倡導多吃白米飯保健康，近代卻流行的是生酮飲食，不鼓勵吃澱粉類的食物。

然而今天認為的真理，明天就依然正確嗎？如果說，很多原本以為不可能的，好比說去路邊攤買東西可以刷卡，稱作行動支付；跑步可以戴著一種錶，一有情況醫生就會通知你，叫作遠端醫療。其他像是比特幣、PM2……等等的名詞，可能在五六年前，根本一般人聽都沒聽過。以這樣的角度來看，斜槓青年甚至不該只是種特別的存在，而應該是人人都「一定要」斜槓，這已經攸關未來生存。好比就算一位中文系教授，也不會說他因為完全不懂電腦不熟 3C，因此就與這些技術隔絕吧？你不理這些技術，但這些技術就是要找上你。

以更寬廣的角度，現代人除了本科專業之外，還需要懂各種的電腦操作，但這已經算基本應用，一點也不算斜槓（除非你還取得維修電腦證照）。在未來社會裡，一定也是如此，**學習某些事物，已經是根本，不算是額外技能，你若不懂便難以生存。在從前，懂很多專業可能會被認為斜槓，但有沒有可能再過幾年，那些專業都不被列入斜槓了？** 例如以前編輯影片是很專業的技能，可是現在就連小學生也會應用軟體做基本的影像編輯了。除非你懂得是很高階的應用，否則已

經不夠格被稱作斜槓了。**也就是說，包含斜槓的定義本身，都還會升級。**

所以柏勳在演講場合，總是會強調學習的重要。**以前學習可能是興趣，是自我成長，但現在可能不學，就會被淘汰了。**這是現代人對斜槓很重要的基本認知。**斜槓不只是一種身分顯示，斜槓也是一種心態，引領你在人生過程中不斷自我 Update。**

善用各種工具

前面提到 3C 應用。身為一個專業講師，在種種頭銜中，柏勳並沒有一個頭銜被稱作是 3C 達人，或是和軟體程式相關的。但實務上，柏勳卻是個不折不扣的「數位工具達人」。他一向強調，透過適當的工具，可以帶來最佳的效果。這工具可能是複雜的電腦軟體，也可能是一副傳統的撲克牌。只要能有助於工作效率或學習成長的，柏勳都樂於學習和應用。

在電信公司時代，柏勳就很擅長應用各種軟體提升工作效能。剛開始的時候，公司是透過 Email 溝通與交派任務，也就是當打開電腦或手機收信時，才知道主管的工作分配。柏勳覺得這樣的流程比較沒效率，因為信件只能發布該做的事，加上信件很多，所以收到信件，

可能也不知道該執行哪個部分的工作，或者要找執行的細節，都還要在信箱找信件找很久，很浪費時間與效率。

當時柏勳就發現，每週有許多工作時間是耗在「整理資料」上，很多都是行政工作，但一個環節沒做好，就卡住下一個流程。後來柏勳決定自己來改革這種現象。他先在市場上找尋到適合的應用軟體，然後先在自己的小組裡，嘗試使用這套軟體。透過簡單的輸入，這軟體就可以有效率的做好紀錄與傳達，當同仁每天一打開電腦，畫面就會出現「今天待辦事宜」，透過這樣的小小科技應用，就讓柏勳的團隊，得到當年全國表現績優團隊。

這只是軟體應用面。在各種培訓場合，柏勳也都會自己應用別出心裁的 PPT，他強調的重點，是讓學員看了印象深刻。柏勳本身也開設了簡報製作技巧的課程，到今天仍有許多學界和企業人士有個誤解，把 PPT 當成一個簡報內容載體，他們簡報的方式，基本上就是邊看簡報邊說明，這種照本宣科的方式其實效果不佳。柏勳表示，PPT 正常的應用方式應該是當作輔助，當主講人說明一個主題時，透過 PPT 能夠加強印象，所以 PPT 設計的重點，應該強調視覺效果，要讓學生或觀眾能留下深刻印象。

對於演講的方式，柏勳表示，一個學問不是艱澀術語越多，就表示講師越能幹。剛好相反，**真正優秀的講師，應該是可以將最複雜的知識，以最淺白的方式呈現。**舉個例子來說，柏勳就希望他們的門市

同仁，可以做到讓手機操作的說帖，簡單到連不懂國語的銀髮族都看得懂。他認為，如果可以用一張圖表達的，就不需要太長的說明文字。

　　而到現在，已經是人手一機，大家都感覺很「資訊化」的年代。柏勳身為專業講師，非常能活用各類工具，他可以搭配現在的手機應用和遊戲結合，或搭配手機軟體讓課程更活潑。像是上課提問，學員透過手機來回答問題等等。

　　另一方面，柏勳很擅長的一件事，就是改變桌遊的玩法。當每個遊戲被設計出來時，會有個原始目的，大部分是製造競爭效果，畢竟遊戲就是追求輸贏，能比出勝負才好玩。但在柏勳的課堂上，他則會將某款桌遊改變用途，只當作「媒介」。例如，柏勳的學生中，有年輕人，但也包括在社區進修的銀髮族。對於那些白髮蒼蒼的長輩們，就不適用那些新穎的傳媒，也不太會依賴需要上網的種種工具。反倒最簡單的桌遊卡牌就非常適宜。

　　以長輩們來說，他們最大的缺點之一，可能就是不愛表達，但柏勳透過卡牌，例如請大家抽牌，分組討論他們對這張牌的看法，好比說抽到一個抽象的畫作，問抽卡者覺得這代表什麼涵義等等，順利帶動長輩間溝通的氣氛。

找到自己的核心職能

　　前面談了許多柏勳對斜槓的看法以及他的應用。但基本上，**每個人不論有多斜槓，都必須有個核心職能，或是聚焦的主力。每一個斜槓，最終都要服務這件事。**對柏勳來說，他的斜槓核心，同時也是他的人生志趣，就是透過他的心理學去幫助人。他對了解「人」有興趣，也因此他學的任何學問，最後都可以導入他與「人」的關係。身為心理學碩士，柏勳非常有興趣的一件事，就是人與其行為間的互動關係。包含人際關係、不同形式的溝通、也包含人展現的各種情緒。

　　早期在電信公司，他從事培訓公司就是一種人與人溝通的訓練。現在的他，也經常受邀到各企業做職能領域的相關演講。如果可能的話，他也很希望去專題演講心理學的東西，但實務上，這方面太專業，比較不會有市場，例如企業就不太可能聘請講師來講解心理學，但企業絕對有興趣邀請專家來談如何提振士氣、如何提升工作效率、以及其他和管理績效業務拓展有關的主題。也因此，柏勳會將其對心理學包裝在不同的學問裡，也就是他將專業融入不同的科目中，這就是一種「**教學斜槓化**」。

　　其實如同柏勳經常強調的，我們人人都處在心理學的情境裡。例如人與人間溝通，怎樣才能更吸引人注意？這就牽涉到心理學。就連

簡報設計，什麼樣的色系可以帶來人心怎樣的效果，怎樣的圖片對比，會吸引台下的人目不轉睛，都是心理學的應用。當然也有專門單位會需要做心理學方面的訓練，最典型的就是人資單位。柏勳在企業的課程之一，就是教導人資主管，如何在面試時，分辨每個應徵者的表現。好比說，講話時眼神是否猶疑不定，或者一個人即使再鎮定，但身體某些部位仍可能透露出他某些內心想法，例如雙手緊握或身體僵硬等等。

　　而很多事是相對的。如果學習心理學及肢體語言等等，對人資單位很重要，那同樣表示，應徵者也需要懂這些。因此若有機會，柏勳也會去職涯輔導單位上課，教導面試者該如何穿著，該如何講話會比較得體。

　　不只是面對面的時候會用到心理學，包括寫履歷這件事，也用得到心理學。甚至包含你投遞郵件的方式，例如最常見的，一般人投遞履歷，可能就只是制式的撰寫基本資料去投遞。但若結合心理學，就會去思考，我今天投出去後，是誰會收到這封信，以同理心的角度，去想對方為何開設這個職位，比如職缺需求是網路小編，他就要去推測，要懂哪些資訊才會符合對方需求，以這樣的思維倒推，重新撰寫符合該公司的履歷。一般求職者錯誤的思維，以為寫履歷就是盡量展現自己，但實務上，應該是努力去 Match 需求方。像這樣的心理學應用，一點也不抽象，反而非常實務。

柏勳表示，**每個人都有自己很有興趣投入的領域，所謂有興趣，就是碰到再多難題也不厭倦。**以他自己來說，是對人的興趣結合心理學，那對每位讀者來說，也要找出自己的興趣，然後再來談斜槓。例如前面提到的，柏勳也去學水墨畫，認識了相關領域的人，他們本身是可以透過學畫畫的過程，去學習如何讓心靈沉澱，也懂得自我反思與自我觀察。

　　每個人都會有他自己的斜槓領域，柏勳希望讀者們，先認識自己，再來發展多元化的自己。不需要看到其他人擁有很多證照，然後也逼自己去學，如果是沒興趣的領域，就算拿到證照，也不會用來真誠的幫助人。這是柏勳真切的體悟。

人們一定要保持好奇心

　　秉持著對人的興趣，以及助人的理念。當我們上柏勳的課，一方面會感受到他的熱誠，一方面也會覺得上他的課非常有樂趣。例如，在上溝通技巧課程時，與其講授各種複雜的理論，不如安排個遊戲大家來參與。有一堂課，其實就是傳統的「比手畫腳」再延伸，現在則是結合電腦教學。邀請一個個學員上台來，柏勳在電腦上秀出一張圖，請上台的同學負責溝通，然後引導其他同學在白板上依樣畫出來。很

多人覺得自己很「擅長溝通」，結果實際上在這個遊戲中，才發現根本不是這麼回事，可能他講半天，台上同學畫出來的根本和原本圖形天差地遠。這個遊戲可以引導學生去思考，我過往的溝通究竟有什麼盲點？

　　而柏勳也很喜歡教導老師，因為透過影響老師，就可以影響更多的人。柏勳常強調，透過遊戲化教學，不但可以增進學生興趣，並且也可以看出學生個性。例如一個帶有競爭性質的遊戲，有的人個性比較好強，會為了輸贏爭得面紅耳赤；有人個性比較膽小，一碰到衝突，就會選擇退縮。當看到這種情形，身為老師的人，就可以適時的加以輔導。特別是在小學階段，這是一個人成長過程中很重要的基礎心態建立期，若沒有遊戲這類工具來引導喚醒一個人的個性，可能當孩子長大直到中學乃至大學，個性都已難改。

　　而在眾多人格特質中，柏勳特別強調，現代的孩子們，一定要保持好奇心。這樣的孩子願意主動積極去嘗試不同的東西，也比較不怕面對挑戰。不管原本個性比較活潑或比較安靜，我們不會想要去干預每個人的本性，但培養好奇心卻是必須的。因為這社會上，太多全新的東西，一個做師長的人，不可能保護孩子到永遠。舉例來說，很多的職位，在老師他們年輕的時代根本聽都沒聽過，例如粉絲頁小編、Youtuber、虛擬幣交易商，在過去沒這類職業，而未來十年，又有可能誕生什麼新職業呢？會不會有什麼機器人後遺症輔導師、ＡＲ應用失調導正師、專業遠端問診師……等等，誰都不知道。**但唯一現在可**

以做到的，就是保持好奇心，這樣的人隨時可以面對世界的任何改變。

做個人生說書人

為什麼人們會以某種方式來做某件事？柏勳至今依然在想著這個問題，但今天的標準答案，到了明天可能就落伍了。這就是時代的真貌。所謂斜槓，不是時髦的稱號，而是因應未來的必須。

★ 找出你的核心職能，秉持著熱情去拓展，不論未來時代怎麼變遷，做好自己，就能擁有全世界。

如何做好自己呢？主要是透過進修學習，包括上課、聽講座、閱讀，以及經常性的與人互動。本身是標準的斜槓青年，柏勳也將持續透過他的專業，嘗試著以不同的模式或藉由各類工具來指引人人發揮不同面向的自己。

目前柏勳已經是網路知名平台指定的說書人，每週人們都可在線上聽到柏勳透過閱讀來分享不同的想法。而在實體場域，柏勳更是藉由讀書會、輕鬆的沙龍活動等，經常和願意成長學習的人，透過近距離、面對面，討論與交流彼此的想法與觀點。

柏勳關懷的族群，從小朋友到銀髮族。他非常擅長將他的專業心理學領域，導入各類型的生活應用，舉凡企業界很需要的行銷學、人

際學、情緒管理，以及各類數位工具應用，簡報製作、設計等等。再到不同族群的個人生活活用，像是樂齡課程，教導銀髮朋友們如何退而不休，懂得 EQ 適當調適，一生常保好奇心等等。

將教學斜槓化，柏勳樂在工作，樂在學習，樂在助人。

樂在這樣的斜槓人生。

Chapter 2

創新與技能篇

從體育國腳到
翻轉教育典範

國家隊足球教練，翻轉教育典範教授 **李建興** 👤

一個打了一輩子球的人，也可以在學術界出人頭地嗎？

人至中年，還來得及轉型，迎接不同的人生嗎？

怎樣真正的做到學習，怎樣落實學以致用？

如何在教育實務中，融入斜槓的元素？

✎ **斜槓特色：**從一個極端的領域，轉換到原本對立的領域，並
且把兩件事都表現到極致。

✎ **斜槓領域：**全方位教學，融入新知與實作，以斜槓教育教導
斜槓青年。

他曾是國家代表隊的教練，帶領著國腳們四處征戰，不論歐亞非美，在各洲都留下比賽的紀錄。這樣的國家級資深體育健將，後來到了大學任教。這一點也不讓人意外，由專業的運動人才來做體育傳承，那可是教育界的榮幸。

但，他教授的可不只是體育，事實上，體育項目只是他以志工形式做付出時，偶爾才會指導的科目，如他在國家運動訓練中心、大學體育學系的授課。他真正在大專校院所教授，並且已經服務超過十五年桃李滿天下的專業，是在管理領域。包含觀光休閒、餐飲與企業管理等，另外他也以活潑教學模式廣獲學生好評。

他是李建興教授。一個把斜槓做到很出色的專業教育家。傳統認知裡，體育健將似乎「四肢發達，頭腦簡單」，任何人很難想像，那個踢足球出身的國腳，竟然後來能成為大學管理科系的系主任，也取得包含旅行業、餐旅服務、觀光休閒及運動等多樣相關的證照。這完全打破過往人們的認知框架。

是怎麼樣的學習歷程，讓體育頂尖好手，也同時可以變成學術界的菁英？

以下是李建興老師的故事分享。

那個風雨中經歷磨練的國腳少年

長久以來，包含學生以及他們的家長，很多人對學校教育有錯誤的認知，特別是在中華傳統文化的薰陶下。幾十年來，我們教育出千千萬萬很會念書的學生，但卻忘了，讀書學習知識，只是校園教育的「一部分」，若只把重點放在考試分數，那就真的有誤人子弟之嫌。

　　從國中時候開始，李建興因緣際會，獲選為體育校隊，自此他就過著和一般學生不一樣的青春，歷經無數寒暑的苦練，過程非常艱辛。然而當回首過往，建興也真正發現，那段學習歷程裡，除了體育技能訓練，更多的影響，卻在於人生態度的建立，以及堅毅性格的養成。

　　已經在大學任教逾二十年的李建興，談起現代學生的上課態度，有時不免感慨，從前時代是學生恭恭敬敬的在課堂等教授蒞臨，但現代孩子們，往往是教授都已經講課一陣子了，才匆匆走進教室。問他們為何遲到？答案經常就是：早上賴床，因為沒睡飽。

　　賴床？未來的人生中將會有無數的挑戰，包含進入職場的每一天，都有很多任務等著去面對。而一天中的第一關，就是讓自己準時起床，如果一天開始的第一戰就輸給自己，連第一關都無法通過考驗，如何寄望他／她會有什麼大成就呢？

　　建興也不禁提起自身的例子，學生時代，他就是足球代表隊的選手，並且擔任足球隊的隊長。代表隊訓練自然都是嚴格的，而身為隊長，他更須以身作則。訓練不論晴雨寒暑，沒有例外，每天都必須清晨即起，建興還必須負責去一一叫醒其他還在夢鄉的隊員。簡單梳洗

後，在早膳前，就是固定要跑操場，做基本體能鍛鍊，冬日裡寒風颼颼，也依然要穿著單薄的球衣，在細雨中跑完規定的里程。而當這樣的體能磨練已經變成一種習慣，也因此能夠去面對其他更嚴苛的挑戰。

而這只是例行訓練的部分，以整個青春歲月，從國中一直到二十多歲這麼長的時間來看，建興表示，身為運動員，他可以說「得到很多，但也真的失去很多」。

他得到什麼呢？建興成長於民國 60、70 年代之交，當時尚未解嚴，所以對一般民眾來說，出國是很稀罕的事。但身為國腳，建興從高中開始就已經跟著球隊遊歷各國，像是美國、日本這種不算特別，建興還去過中東、非洲、中南美洲，甚至很多人叫不出名字的國家。這種經歷，就算現代人也很少能體驗。

至於失去的，大概就是所有年輕人在年少輕狂時那些愛玩愛瘋鬧的事。因為所有的時間，包含每一個寒暑假，乃至於各類節日，不是比賽就是投入培訓，沒有什麼假期打工、參加救國團活動、還有交女友瘋夜遊那類的樂趣。印象中，有一次春節因為即將出國比賽，結果只有除夕跟春節當天可以在家，其他日子又要投入嚴格的春訓。

當然，時移事往，這些都只是曾經。建興認為，只要在每個人生過程有用心去投入，那成長就自有其意義。

· **當體育老師，是我想要的嗎？**

人都會長大，也都會變老。任何學科出身的孩子，都必須面對自己的職涯選擇，以及「未來人生怎麼過」這個永遠的大哉問。對體育

出身的人來說，他們的未來更加難解。很早以前，建興就思考過這個問題。台灣並不是個體育強國，這裡的體育環境也遠遠不如歐美。在西方國家，一個運動員可以成為國際級大明星，收入可以媲美上市櫃公司營收，但在台灣，體育出身的人，前途選項卻非常有限。能夠有幸獲聘到學校任教，或擔任一般民間單位的體育教練，已經算是很美好的未來選項了。

但真的只能如此嗎？學體育的人，未來真的沒有其他可能嗎？

在年輕時候，建興就已為這件事感到擔憂。但當時他沒有明確答案，只知道，他願意教學指導後進，所以當個體育教練及去學校當體育老師也不錯，但除此外就沒能想更多。既然沒有明確答案，他只能確信一件事，那就是因為他所學不多，所以尚無法找到答案，這也促使建興從年輕時就養成積極自學的習慣，也因為這樣的習慣，後來改變了他的人生。

學習是很重要的，並且還要靈活學習，以及真正的落實學習。古人云：「富不學，富不長；窮不學，窮不盡。」**「我」是一切的根源，要想改變一切，首先要改變自己，學習是改變自己的根本**。這個社會一直在淘汰有學歷的人，但是不會淘汰有學習力願意改變的人。這也是日後建興在大學擔任教授時，經常對學生叮嚀的**觀念**。

建興年輕時代，在國家代表隊擔任國腳多年後，順利被選為國家教練，繼續和球隊東征西討，直到年過三十，他才從國家代表隊退下來。起初在球隊所屬公司，同時也是國內知名電器品牌上市公司擔任

隊長管理職。安逸是安逸，待遇也不差，但才三十幾歲就脫離體育，這不符合他的個性。剛好他母隊所屬球隊，也就是台灣最資深、超過五十年歷史傳承的高雄雷鳥球隊，邀請他回高雄學校任教，這符合他當時想當體育老師的志趣，所以他欣然赴任，自那以後，他直到快四十歲成家前都是位體育老師，如果這樣安安穩穩的過日子，其實看起來也不錯，然而若是如此，就不會有後來的李建興教授。因為，在安逸的那段日子裡，他內心裡始終有個聲音，讓他不得不再次正視自己的生涯。

　　過去建興認為，離開球隊後，當個老師培育後進，是件有使命、有意義的事，但讓建興內心逐漸有了波動，則是他真正進入校園後，深深感到身為體育老師被誤解的悲哀。他發現不論時代如何演進，人們的認知裡「萬般皆下品，唯有讀書高」的觀念已經根深蒂固，像他這樣教體育的老師，不免就被歸類為「頭腦簡單」型的人，似乎「這種人」一輩子只會教孩子運動跑步那些「不重要」的事。建興不希望自己就這樣把人生定位在這裡。

　　說到這，讀者可以停下來認真想想。

　　如果異地而處，你今天是個已經四十歲將步入中年，有家庭要照顧，並且過往的生活、收入報酬及日常作息都已經習慣了，放眼未來也能保障退休金無虞。**這樣的你，願意放掉眼前的一切，讓職涯重練嗎？**

　　相信很少人會做這樣的決定。因為那簡直是自找麻煩，要跳脫舒

適圈，需要多大的勇氣啊！但李建興，那年卻毅然決然的做了這樣的決定。

中年艱辛轉型，邁入管理教育界

其實從以前擔任國家隊教練，乃至於更早之前擔任球隊隊長時，建興就發現，自己有管理長才，甚至他也對這領域真的有興趣，他喜歡去研究如何透過領導及分配，讓事情運作更有效率。但身為體育老師，他能做到的主要就是教導，而沒有相關管理背景的他，也不可能在管理工作上說話有分量。於是建興認知到，他若要進入他所喜歡的管理領域，別無他法，就是要再次進修。

這可真的是在台灣罕見的例子。一個體育老師，後來轉型為大學管理科系主任，也在研究所授課。李建興當年不但是一所技術學院管理科系的系主任，後來他還曾是一個科系的創系主任，從無到有籌備出這個科系來。

但當初他進入管理領域的歷程卻很艱辛，白天為了生計，他繼續在校上課擔任體育老師，但晚上時間，他充分利用每一天，去學習各種課程，經常必須捧著管理書，自修到三更半夜，同時也不放過任何的演講。過往成長歷程很少接觸到商學的他，這些學習真的很不容易。

Chapter 2

辛苦了一兩年，為的是做個基本打底，否則他連出國留學都很難。但即便做了準備，學習很多管理知識，想赴美深造的他，還有個絕大的難題，那就是他英文程度不佳，這一點也不奇怪，學生時代以培訓體育專業為主，英文當然也沒好好學。但總之，準備出國的他，語文也必須打底，於是他有兩年的時間，在文藻學院上基礎英文課。

　　終於，他積極申請的美國學校也有了回應，建興念的是管理研究所。此後幾年，又是另一個辛苦的考驗。畢竟，他的英文實力，距離與美國人順利溝通還有段不小的差距，這讓建興上起課來格外痛苦，如果是別人可能早就放棄，但建興就是咬著牙，即便很多課程重點，要靠朋友翻譯才能懂，他還是一點一滴靠刻苦勤讀來因應。多少個夜晚，別人已經入睡，建興還在挑燈夜戰，經常也是徹夜不能眠，因為同樣是交報告，他必須比別人多花三倍的功夫，不論看課本或上網查資料，都必須先翻譯、思考，然後再選擇如何呈現。那過程的難熬，建興曾這樣形容：原本滿頭黑髮的他，到了最後畢業回國，已經白髮叢生。

　　這就是轉型的痛苦，也因為建興的勇氣及堅持，他也成功改寫了他的職涯藍圖。他後來投身大學教育界，獲得很棒的成績，並影響很多人。時常路上也會突然遇到他某屆的學生，對方總是對他表示無比感激，只是建興真的教過太多學生，不一定記得住對方是誰，但這無損建興對教育傳承珍貴的奉獻。

如果說，只因為在大學任教，就讓他變得如此受人尊敬，那就小看建興了。大學教授那麼多，建興之所以受學生敬仰，那是因為他用一套非常不凡的教學方式來教育孩子。最重要的是，這套教育，是建興多年來整合各種學問，融會貫通，並且還持續結合時勢繼續更新演進的。

可以說，本身也算斜槓青年的李建興，他的教學方式也非常斜槓，多采多姿，讓教學變得不一樣。

融入斜槓概念的教學方式

如果要試著形容在李建興教授課堂上，學子們的心情，那感覺有點像在形容愛情：「既感到興奮刺激又不免緊張害怕。」

是的，要上李建興的課，絕對一點都不輕鬆，你別想打混摸魚，以為手上拿著課本假裝在看，就可以邊做白日夢邊等下課。建興的課，保證讓每個人都充分地處在上緊發條的狀態，也就是說，大家都必須真正進入學習的狀態，因為在他的課堂上，重視分組討論，重視意見發表，並且人人都有機會上台，誰都不能例外。

建興非常強調，學生才是學習的主角，他要打破老師主導教學、考試領導教學的模式。**課本只是前人智慧的紀錄，幫助一代代傳承，**

但如何應用？怎麼看待這個世界？主角還是學生本人。所以建興從不拿著教科書照本宣科，他表示，如果這件事學生自己可以做到，甚至現在科技，任何人手機 Google 一下，想查什麼就有什麼，那何必需要一個教師在旁跟著一起翻課本？**教師的存在，不只是單純給學生知識而已，而應該是要引導學生主動去思維，培養學生獨立思考能力，讓學生有解決問題的能力。**愛因斯坦曾說過：「**教育的目的不是答案，而是，思考的能力。**」

現代流行「斜槓」這個字眼，早年時候雖沒有這個詞，但其實以教學來說，如果學習可以做到「觸類旁通」，將原本不同領域的專業連結在一起，讓學習能發揮的更寬廣，那樣不也是「斜槓」的具體應用？

好比說某個人是斜槓青年，他的身分是語文教師／心理輔導師／音樂指揮家／專業旅行嚮導，那意思就是他不但有至少四種專業，並且他可以讓他的這些專業，例如語文教學結合旅行體驗，心理輔導結合音樂韻律，真的做到多工。若以「學習」來比喻，假定某堂課是歷史課，但老師的教導變成歷史／音樂／地質科學／統計學……等等熔入一爐，那學生上課必然覺得更加有趣，也更加容易吸收。

在建興的課堂上，他非常善於使用各類教學工具。而本身勤於自修各類課程的建興也非常喜歡將他新的所學，融入教學內容裡。特別是他教導的是管理。所謂管理，牽涉到人性，牽涉到謀略，牽涉到市

場，更必須靈活應用。

如果說，中學時代的物理化學數學等，可能有所謂的標準答案，那麼到了大學的管理課程，絕對就不會有標準答案這回事。建興總是鼓勵學生，挑戰老師的答案。甚至他說，如果你的答案比老師的更好，那我保證給你學期很高的成績。

在過去師道至上的年代，教師的權威是不容質疑的，但建興表示，現在再也沒什麼「老師需要面子」的問題。就算一個小學生，也許透過手機搜尋，就可能提出一個讓老師回答不出來的疑問，若老師回答不出來，一點也不需要丟臉。即便是專業領域，也因時代日新月異，總會有所學沒有充分觸及的地。每當在課堂上，有學生提出的問題，建興覺得自己沒把握給予解答，那他承諾，下回上課時，保證可以提出學生滿意的答覆。

其實，以建興的教學感觸來看，他煩惱的事正好相反，並不常發生學生挑戰老師的事。在台灣的學生還是比較死板，總是要等著老師給答案，所謂填鴨式教育下的小孩，少了靈活性，不會自己找答案，老師沒講過的就不會寫。而欠缺「高層次」批判性思考、獨立思考的能力，造成我們的學生無法有效地思考，失去了提出問題、找出問題、自己解決問題的能力。這讓建興很擔憂國家的未來。反倒是在大學在職班開課，那裡的學生可能是公司主管、老闆及企業家，或是有點人生歷練的人，這樣的人願意再回學校上課，思慮也比較多元，上這些

成年人的課，比較能得到不一樣的回饋。無論如何，雖然有難度，但建興總是盡其所能，設法讓學生得到學習的效果。

練習表達意見，以及做出判斷

以下是一幕幕發生在建興課堂中的場景。

課堂上建興說：「愛拚……」刻意停頓一下，讓學生主動承接下一句「才會贏」。

但接著建興搖搖頭說：「不對，不對，不是愛拚才會贏，應該是『要能贏才來拚』」，看著大家困惑的眼神，這時候建興知道他抓住學生的好奇心了。於是他開始有條不紊的分析，如果拚了就會贏，為何有那麼多的人，一輩子辛勤打拚，卻換得連退休也沒能過好日子的困境呢？

他解釋，辛勤工作，是長輩們鼓勵年輕人要認真做事的善意，畢竟，不認真工作整天肖想一步登天，是不會有好結果的。然而，長輩沒有傳達的後半部意境，卻要靠人們自己去領悟。真正要擁有快樂幸福人生，應該要先「想清楚」再來投入，也就是「選擇比努力」重要。但長輩又怕這樣講，年輕人會好高騖遠，想太多做太少，所以才總是把主力強調在「愛拚」。但對學管理的同學來說，必須懂得「要能贏

才來拚」是種智慧。

接著建興又問一句「天生我材……」同樣停頓一下，台下學生接著喊「必有用」。再次的，建興說，錯了錯了，不是「天生我材必有用」，應該是「天生我材要善用」。**一個人要能夠善用自己的優勢。**

如果成天喊著天生我材必有用，但只作為自我激勵，卻沒能有具體作為，那就只是空洞的口號。所謂要「善用」，就是要先了解自己的長才，每個人都有各自的優勢，甲的專長，可能是乙的弱項，你看到某個成功者的成功模式，並不一定適用在自己的個性上。兵法有云「知己知彼，百戰不殆」，重點還是要先了解自己，才能發揮所長。

這就是建興的教學方式，比起傳統老師耳提面命、苦口婆心的叮嚀，卻仍可能被學生當耳邊風。建興的教學，更能讓學生記住不忘。其實建興的教學很強調的一點，就是學生「自己參與」。就以前面講的兩個例子，他也是要學生自己先說出想法，然後建興再提出質疑。他常說他的答案不一定是對的，但如何判斷，要經過學生自己想過再說出來。**畢竟出社會後，職場上沒人會準備答案給你，碰到問題，就必須要直接處理解決。**一個每次考試都滿分，但碰到狀況卻愣在那的人，是不受企業歡迎的。

與其將來在職場上碰壁，不如提早在課堂面對。好比說，建興提一個問題，甲學生跟乙學生有不同的答案，哪一個是對的呢？可以經過辯論以及實際闡述講解。但真正在職場上，一件任務交代給兩個員

工，得出不一樣的結果，那個成果令老闆滿意的員工會步步高升，成果老是讓老闆搖頭的，可能即將飯碗不保。

那麼如何在學生時代就培養實力呢？每一次的上課，不要只是當個「聽眾」。所以建興的課堂總是強調要分組，在分組討論中，他要的是學生的思考過程與討論態度，這遠比他們提出的答案還重要。也就是他要求每個人都必須提出自己的想法，並聽取別人不同的觀點。且不僅僅是鼓勵學生發表想法及提出不同觀點，事實上，是強制每個人都要上台發言。這是要培養學生具備口才表達溝通的能力，是讓學生能帶得走的能力。

你再也不能只是事不關己的搖頭或點頭，你必須說出你的看法：你認為正確或不正確，為什麼？請解釋原因？請舉個例子？這是建興在課堂上最常問學生的問題。如果只是讓學生回答問題的對或不對，或是選擇 1 或 2，這將限制學生獨立思考的能力。但就算被「抓」到台上發言，重點也絕非要羞辱一個人。任何人只要肯鼓起勇氣，發表想法，即便只是顫抖地講出幾句因緊張而顛三倒四的話，建興也盡量給予鼓勵，說聲很好，繼續努力。那麼，一次兩次三次，那些會緊張的，也終究練出上台的膽量。

就如同建興常問同學的，你現在學管理學，只為了將來當個基層員工，一輩子聽候命令嗎？難道你沒有想要有一天當上主管，甚至創

業當老闆嗎？**如果連上台講個話都不敢，你要怎麼服眾？怎麼指揮一群員工為你做事？**

　　這就是建興的教學，其實非常的「實際」，他認為最重要的是做到「無縫銜接」，讓企業不要再認為大學出來的學生只會死讀書，而是自然而然地將校園所學應用於社會工作上。

如何讓自己成為斜槓專才

　　如今，建興本身不但是大專院校令人尊敬的教授，同時在民間也具備多重身分。像是在產業界許多的協會擔任理事長、執行長、理事及顧問等重要職位，本身也投入許多餐飲業的運作。建興也具備許多的專業證照，當然，在他所出身的本業體育，他也是十項全能，從基本的體育運動執照、國家教練證照，到管理師、政府單位的監評委員、經理人等資格都具備。

　　他是真正的斜槓。且最難能可貴的，是他化不可能為可能，讓一個從前被視為「頭腦簡單」的人，成為腦力教學的代表。建興也利用心智圖教學翻轉教育，還有善用各種工具的美名，讓學生有「帶得走」的能力。上他的課，會學到的遠比教科書要多很多。

　　最後，對於年輕人，建興有幾項建議。他鼓勵年輕人，如果要變

成真正的斜槓專才，可以做到以下幾件事：

• 人脈是王道

　　建興鼓勵青年，要勇於走出自己，積極和外界接觸，多認識朋友。若不想被嘲笑總是關在象牙塔，就要主動向外界伸出手。以建興本身為例，當年他從美國回來，雖然具備專業學歷，但後來能夠很快升任系主任，投入和體育完全不相關的管理科系，關鍵便在於他有深厚的人脈。

　　從學生時期到現在，建興對於每個時期的朋友，都有保持聯絡。還在青年時代，他就因為球隊的前輩提攜，經常有機會在球隊前輩的企業老闆帶領下，參與社交場合、見世面，也學習應對進退。早在二十幾歲，建興就因此持續和企業界保持互動關係，後來這樣的人脈關係也有助於他取得業界資源。因此當年他在擔任管理科系系主任時，因為他在高雄業界有不錯的人際關係，不論師資或資源上都較容易取得贊助。

　　對年輕人而言，就可以從參加社團，以及參加與長輩的社交活動做起。許多時候要捨得付出，如果有機會，要主動請客去和成功人士交朋友。那些成功人士絕不差你這個錢，但看中的是你的誠意。建興表示，與其經常跟言不及義的狐群狗黨鬼混，為何不讓自己有多多親近成功者的機會。而平日與人為善，廣結善緣，也有助於日後的社會拓展。

・旅行增廣見聞

旅行是不斷的探索與學習;旅行是勇敢冒險、挑戰自我;旅行造就人生的廣度;旅行讓我們改變人生。旅行,和讀書工作一樣重要。

旅行,這件事越早做越好,年輕時就培養世界觀,培養勇於踏出國門的膽識。要知道處在安逸環境久了,可能連衣服破個洞都要呼天喊地。但如果身處在國外,人生地不熟的,沒人可依靠,這時就會逼出自己的能量,你必須想方設法自己解決所有難題,克服所有語言及文化上的困難。

建興自己年輕時因跟隨球隊出征早已遊歷諸國,但即便如此,他近四十歲赴美求學,還是碰到許多困難。因為身在異鄉真的有很大不便,也正因如此,一旦歷練後回國,整個人氣度就變得不一樣。

對某些人而言,也許因為經濟因素,出國是個難題。但建興依舊鼓勵年輕人至少,試著在台灣島內,不論是徒步旅行,挑戰七天環島,或者去深山或偏鄉都可以,當然是要在安全範圍內,例如不要什麼都沒準備就去爬玉山。只要是安全許可,不論男女,他都鼓勵年輕人多多旅行,增廣見聞。

・態度決定一切

最後,建興強調的是年輕人的態度。他非常感慨的意識到,似乎年復一年,台灣大學生的學習精神與態度有逐年下降的傾向,這讓他很憂心。一個很大的對比,建興覺得他在上「在職教育大學課程」時,

學生們的用心程度，遠大過於現在一般大學的學生。那些年輕學子視遲到為常態、上課玩手機、對教授愛理不理，在路上遇到連聲招呼也不打。重點不在於這些人本來的資質如何，當一個學生的態度不正確，那就很難有大的作為。

如同在課堂上，建興常問學生一個問題：「請問你們覺得來學校接受教育，最重要的是什麼？」建興給他們的答案是「改變思維」。**因為他覺得一個人的思想觀念是最重要的，一個人的思想觀念，產生了一個人的態度行為；而一個人的態度行為，形成一個人的性格個性；一個人的性格個性，影響一個人一生的命運。能夠改變一個人一生的命運，這是建興教書的使命。**

以上三件事，當然也不只是年輕人的事。包含建興自己，也持續在學習中，現在讓建興感到最快樂的事，就是每天在學習和成長中的那種成就和滿足感，而非名利。任何人面對時代的挑戰，只要內心有著學習的熱誠，願意與人為善，並且態度正面積極，那任何的困難，都絕對可以被克服。

★ 翻開筆記，建興手中有滿滿的行程，大多都是跟上課有關，不是他去教課，而是去當學生，曾經是台灣體育國腳，現在則是永遠不服輸，總是持續上進的人生競賽選手，該上的課還有很多，他會繼續努力。

行銷就是串起
生命中美好的珍珠

港都電台副總，整合行銷達人 **李鳳玲** 👤

什麼是行銷？什麼是業務？ 這些跟年輕人的斜槓有什麼具體連結？

如何看待不同的產業，建立不同的資源，並且將之結合成有效的行銷？

一個非商科出身的人，如何藉由學習讓自己變成行銷達人？

如何培養化不可能為可能的能力，在不同的職場中都游刃有餘？

✏️ **斜槓特色**：多年歷練，發展出獨特的珍珠理論。

✏️ **斜槓領域**：站在行銷效益最大化立場，讓不同的組合，形塑多贏。

人們經常用珍珠來形容美好珍貴的事物，那一顆顆的珍珠，本身就是在時間歷練下形塑的寶石，當珍珠一個個串聯起來，便是令人驚豔的美麗化身。但可知，珍珠最開始形成的過程，卻是由最不起眼的沙子開始？

其實，每一個人不也是珍珠？從平凡走向不平凡？

每一次成功的行銷，每一個經典的案例，不也都是經過慧眼之士，用心串聯起彼此的優點，才能打造多贏的局面？

關於行銷這門課，李鳳玲一路走來，樂在其中，已到了如魚得水、將工作與成就結合，優游自適的境界。多年來她在媒體業創造了諸多的異業合作模式，以全新的角度，打造一個又一個行銷新境。而這樣的她，其實本身竟然是中文系出身，原本沒有商業背景的農鄉女孩。

以下是李鳳玲老師的分享。

踏入媒體界的中文女孩

一個典型中文系的女孩，有著優雅的氣質，談吐間都是文字的芬芳。就算談的是商場上運籌帷幄的話題，也能一杯清茶，一抹微笑，讓交流充滿了真性情。

雖然鳳玲的確把行銷這行做得爐火純青，但她也是從最青澀的女孩一步一腳印積累經驗歷練而來。

　　如今身為台灣數一數二廣電媒體副總的鳳玲，提起當年她剛擔任媒體主管時，曾經被某個大老闆批評，說這個女孩怎能氣焰那麼囂張？回憶起這一段，她不禁笑了出來。人生事真的難預料，以前怎能想到，小時候在家裡連看到陌生人都會臉紅的那個女孩，有一天竟會變成「強勢」主管？

　　成長在純樸的農鄉台南玉井，鳳玲本來在家人的規劃中，就只想當個老師，之後最好嫁入公務人員家庭，過著平凡寧靜的生活。後來，鳳玲也真的考上中央大學，念的正是中文系。同班同學，畢業後有超過三分之二都是從事教職，只有少數像鳳玲這般「不務正業」的跑去從商，或遠赴海外發展事業。在那個年代，尚沒有「流浪教師」這個名詞，全國還有許多地方有老師的職缺，有那麼一個時間點，鳳玲幾乎都確定準備要去馬祖教書了，如果真的如此，那她往後的人生自然和今天完全不同。但終究內心裡有個自我聲音，讓她猶豫再三，思量著這一生真的從此要在偏鄉陪小孩嗎？

　　畢竟年輕人還有顆愛玩的心，而鳳玲又是個從小就很有想像力的女孩，她總覺得若青春就這樣被定下來，她有些不甘心，而內心那個聲音也鼓舞著她去闖一闖。於是，一個決定，改變了她一生。她沒去

學校當老師，反而跑去另一個人生場域當了「社會」這所大學的學生。曾經她在醫院服務，每天看著生老病死在身邊上演，年輕的她面對這些感到太沉重才決定進入媒體界，在被稱為「台灣的良心」的遠見雜誌服務。在踏入媒體圈前，鳳玲對文化產業的觀點就是：這是個跟腦力提升有關的產業，是一個可以接觸到很多新知識新觀念的產業。然而實際就工作屬性來看，她其實就是一個「業務人」，她的工作就是想方設法，把雜誌的版面賣出去。和一般業務比較不同的，是她具備了中文系特有的文藝氣質，由她來推介雜誌，就會變得很有說服力。

就這樣，玉井女孩鳳玲，被命運指引，一步步跨入媒體領域，也正式跨入行銷業務領域。

由業務走向行銷，積累珍珠成為人生資源

每當有機會聊起行銷這個話題，鳳玲總會特別強調，行銷絕不只是銷售，行銷其實是一門很大的功課。鳳玲表示，就連身經百戰的她，都承認她也仍持續在學習。行銷的內容包羅萬象，真正的行銷人，應該要具備十八般武藝，可以在橫跨不同產業時，依然從容應對，不會左支右絀。而若要用簡單的一句話來形容「行銷」，鳳玲認為，**行銷就是「把各種資源像珍珠一般有效串連起來的藝術」。**

當然，任何事業的基礎，業務工作是重要的。對年輕人來說，越早踏入業務職涯領域，越能做到將人事物各項資源完美的組合。但至關重要的是，不要因為業務工作而讓自己的心變得市儈。鳳玲認為，業務工作主要是讓一個人，可以有機會接觸各個行業，接觸到許許多多的陌生人。所有的資源，都是從零開始，年輕人不要想一步登天，沒有什麼資源是好好的在那裡等你去獲取的。

　　所謂資源包含兩部分：

1. 自身的能力資歷

　　這需要時間來累積。業務工作非常適合作為能力培訓的試煉場，因為種種業務挑戰會讓一個人用最短時間內自我提升。

2. 自身以外的資源

　　這範圍很廣，以行銷的角度來說，所有的資歷，任何你拜訪的客戶及見聞，都會變成資源。以人生來說，何嘗不是如此，一個人生命經歷越多，也就擁有越多的資源，包含知識、眼界、新觀點，也包含人脈、產業秘辛、不同的作業方式訣竅等等。

　　總之，鳳玲這個中文系出身的女孩，一開始就是藉由投入業務工作，來逐步累積她的資源，她稱之為珍珠。而後來她每一次成功的行銷，都植基於這些年積累的珍珠。

　　她最早的業務工作是在遠見雜誌擔任廣告 AE，有一回到台北一

家飯店談專案，談著談著，忽然聽到隔壁桌似乎也是同行，也是某個媒體廣告 AE，但細聽之後，發現聊的平台並不一樣，那一桌談的平台是廣播電台。那時候，不知為何，鳳玲內心就有一種嚮往，她想若有一天她可以到電台上班，應該也不錯，她心目中的偶像，是當年中廣《今夜星辰》的主持人倪蓓蓓，鳳玲喜歡她那知性的談吐以及空中傳達出療癒人心的聲音。

就當作是上天另一次生命的指引，第一次指引，讓她由原本的教師之路轉入媒體業，這第二次指引，則讓她由平面媒體進入廣播界。當時才二十幾歲的她，沒有立刻轉換跑道，但內心的聲音持續呼喚著她，又過了幾年，她才正式加入港都電台。

轉戰廣播傳媒

1990 年代，那時鳳玲的身分是某家傳媒集團的南部業務團隊主管，負責的任務是開發這裡的廣告客戶。原本家在南方的她，一直很想回鄉工作。但在南部工作的缺點就是：她感覺自己在公司裡像個次等公民，似乎要什麼沒什麼。資源總是台北優先，任何大小事還得和北部請示，很多事情的進行變得沒有效率。十年來在商場上的磨練，鳳玲的性格已經變得有些太講效率，厭倦做什麼事都「卡卡」的感覺。

那時南部沒什麼辦公大樓，因此當鳳玲行走在路上，發現那棟當年全高雄最高、底下一樓的銀行也非常氣派的建築物時，她心中就想著以後一定要來這一棟大樓上班，卻殊不知有一家傳媒也在這棟大樓，那就是港都電台。

想起自己幾年前曾經在台北的飯店裡許下的期望，鳳玲忽然覺得，有夢想就去追尋，這沒什麼不對，她既然想去電台工作，那為何不真的去嘗試呢？於是在 1997 年她主動聯繫電台，用的是毛遂自薦的方式。記得當時她告訴電台主管：「你們有沒有想要找到一個人，可以幫公司帶來業績，帶來客戶的啊？那我就是妳們要的人。」竟然有這麼個積極說要幫公司拓展事業的女子，公司當然也就歡迎她來面談看看。

港都電台的董事長就是鳳玲的偶像—倪蓓蓓女士。當年電台原本在南部的作業方式，是將不同時段切割分租出去，只有部分時段是港都自己的節目，其餘部分電台就只是當個房東。這樣的做法當然不會有什麼精緻的節目，幾年下來，港都也只能屈居老二，收聽率跟另一家 kiss 電台不能比。直到副董事長孫國祥加入，運用他那一套獨特管理技巧，讓港都電台逐漸改革。

鳳玲最早是在一個無國界醫療團的展覽活動裡，和孫副董有一面之緣。之後鳳玲也感到平面媒體在南部真的不好做，包括幾個大型刊物的南部分公司。她的生存空間也越來越窄，而跳往廣播傳媒，是她

曾經的夢想，也是當時一條必須選擇的路。相較之下，電台一方面有強大的地域性，一方面又和全國性聯播不衝突，談廣告合作，可以只談單一城市的播送，也可以買全省聯播，而這是其他媒體如電視、雜誌難以做到的，預算上也比較好規劃。

鳳玲進港都電台時，整個公司已經在倪董事長及孫副董的改革下，逐漸轉型。抱著珍惜舞台榮耀平台的心境，鳳玲自我期許，能將興旺港都電台的責任扛下。而她也說到做到，此後果然港都的業績越來越突出，即便來到網路普及，許多傳統媒體都受波及影響的現代，港都依然在南台灣屹立不搖。

鳳玲自謙不敢說自己是什麼功臣，但的確若台灣出版一本廣電行銷發展史相關的書，那書中肯定會拿許多鳳玲的行銷案例作為教材。直到今天，廣電界許多行銷的做法，論其源頭，鳳玲都是創意先行者。

打造斜槓合作典範

傳統的業務拓展方式，主要是推專案、勤拜訪，這是業務的基本功。但起初擔任行銷總監的鳳玲覺得對港都電台來說，最重要的工作，不是去一個一個尋找客戶，她必須從塑造電台的品牌形象做起，也就是說，她要行銷品牌，再來談做生意。

抱持著這樣的基本策略，於是鳳玲大膽決定，要以活動來創造績效。她在應徵工作團隊時，不將主力放在找業務高手，而是找懂得企劃、懂得動腦的人。她嚴格要求她的夥伴，要能做到不僅可以介紹公司節目，本身還要能撰寫文案。對於文案撰寫她也有要求，以電台來說，重點是要口語化與接地氣，而非如同平面媒體廣宣那般唯美。

　　什麼樣的團隊，就發揮什麼樣的戰力。鳳玲打造的正是企劃團隊，並且成效卓著。如同鳳玲一開始就定位明確，**行銷不等於業務，業務只是行銷的一環，行銷是串連各種資源的藝術，企劃扮演重要角色。**在鳳玲進公司後沒幾年，港都電台已經躍居全高雄收聽率第一名。

　　當然鳳玲不僅懂得企劃，基本的業務功也要有，實際上她就是典型業務出身的人。只不過，過往大部分時候，她跑的是台北市場，現在到了高雄，她真的就是從無到有，所有客戶都是一個個拜訪出來的，想當年，她手中拿著地圖，方向感不好的她時常迷路，即便如此，她仍一一去百貨公司去展場，尋找適合開發的廠商。

　　而談起業績如何快速攀升？鳳玲提出一個在政治界也常被使用的策略，叫做「鄉村包圍都市」。最典型的案例，也正是鳳玲進入港都電台後舉辦的第一個活動，是和高雄環保局結合，以下鄉宣導的方式，一個鄉一個鄉的去辦活動。活動影響是顯著的，大約跑了十個鄉就已經帶來明顯的回饋，電台的詢問度也變高。而最特別的是，那次活動，鳳玲是透過三贏方式來思維。首先，活動主辦方是高雄環保局，對政

府單位來說，他們最需要的是廣宣媒體造勢，而鳳玲代表港都的提案，正是一套令人心動的廣宣專案。對港都電台本身來說，能夠結合政府的資源，藉此深入高雄各鄉鎮，更是求之不得的好機會。當然對全體高雄民眾來說，他們是被服務的人，整個活動辦得好，他們也因此對執行單位港都電台有了非常好的印象。

說到這裡，就要提到鳳玲這十幾二十年來一個行銷的重要邏輯，也就是把「珍珠理論」廣泛應用到不僅是企業，也包含每一個「個人」。可以說，**適用在個人身上的「珍珠理論」，正是「斜槓」的概念**。所謂斜槓，是指一個人同時具備不同的專長，這些專長都能帶給當事人一定的收益，在創造影響力的同時，不同的專長彼此間也有加乘效果，讓一個斜槓者可以發揮更強大的功能。

而將斜槓這種「加乘」的概念充分應用，正是鳳玲的專長，也就是「珍珠理論」的具體應用。當一個人擁有許多資源，就好比擁有許多的珍珠，而串聯越多的珍珠，就能打造越美麗的成果。舉例來說，鳳玲喜歡想方設法，讓原本可能比較沒關聯的 A 跟 B，在創意結合下，產生新的效應。

但朋友要問，A 跟 B 是怎麼來的呢？答案是，透過積極接觸，靠人生歷練得來的。當一個人願意去嘗試各種可能，那他／她自然就會累積很多資源，好比說一個人原本只認識 A 跟 B，隨著他的歷練增加，他的資源就變成從 ABCD……到 Z 甚至更多元的資源都有，到那時，

創意的可能性就大多了。A 可以跟 B 結合，但若不能結合也沒關係，還有很多種可能啊！A 可以跟 C，B 可以跟 D，甚至 ABCD 四家可以結盟。因此資源越多，創意發揮的可能性就越多。

這些年來，鳳玲不只在行銷領域卓然有成，她甚至玩行銷玩得不亦樂乎，正是因為她已累積了這領域的許多資源。鳳玲真的非常斜槓，並且斜槓橫跨的範圍，已經非常地廣。

站在客戶立場思考，打造美麗的行銷珍珠

時常有人會好奇，鳳玲如何能夠改變遊戲規則，用前人不曾做過的方式來做行銷？鳳玲會告訴他們，或許她的中文底子對行銷有一定的幫助，畢竟中華文化博大精深，單單不同的字義組合，就可以有千變萬化，而文學更是充滿想像力，長期浸淫在中國文學的奧妙裡，絕對可以刺激一顆愛幻想的腦。只不過大部分文學系出身的人，可能單純沉浸在那些文學世界裡，而像鳳玲這般游移到商業競爭叢林，並且被迫在商場詭譎多變的氛圍中成長的女孩，她就必須將創意發揮到商場的領域。

具備延伸性的思維，就能讓原本制式的各類行銷或營運作法，有了新的轉換。從前的思維，公司花了多少成本買了什麼東西，之後必

須做到超過成本的銷售，才有獲益。因此，成本就是設法壓到最低，而獲利則靠業務推廣，要招攬到更多生意。然而真的只能如此嗎？如果重新設定成本與資源的定義，包含公司形象也是一種資源，也就是說，獲利是一回事，公司形象也是另一種報償。當這樣思考後，行銷做法也會變得不同。

　　資源也不單指一個個的企業，非公益團體，也可以是資源，是其中一顆珍珠。舉例來說，今天電台贊助鄉下孩子踢足球，若以商業角度看，這是純做慈善嗎？畢竟好像只有成本付出不能談什麼收益。但實際上，以珍珠串聯角度來思考，任何珍珠都代表美好的結果。當電台贊助，變成一種企業形象推廣，讓更多的人聽到港都電台，都能將港都電台視為一個企業楷模，那就是美善的結果。現在每年，港都電台都會舉辦「動員港都的愛」活動，這個當時由倪蓓蓓董事長發想，而現今已經是高雄民眾都知曉的年度大事，這就是鳳玲整合行銷成功的地方。

　　對鳳玲來說，「珍珠理論」還有一個重點。所謂珍珠，也代表美善。鳳玲強調，做生意跟做人做事，都要心存美善，如此，才能真正串聯起珍珠。

　　也因此，鳳玲做起行銷工作，可以說沒什麼壓力，因為她不是心存著「我如何從對方身上賺到錢」的思維去做事。相反地，她念茲在茲的，是當面對這個客戶時，我應該「怎樣來幫助他／她」，當這樣

想的時候，鳳玲就不再把自己當成只是電台派出的業務代表，而是能夠設身處地站在客戶的立場思考。於是她就可能想到，如果客戶是 A，那今天將客戶連結到 BCD……等不同產業或企業，會發散出怎麼樣的火花？

如此實踐之後，鳳玲屢屢創造行銷奇蹟，她不是抱著業績壓力做事，但最終反倒真的創造出業績。不只幫電台帶來績效，也為不同的客戶做串聯，打造一條又一條美麗的行銷珍珠。

而談起如何斜槓整合，鳳玲還有一個經典的例子。

平常為了增加人脈，也讓自己對社會有更多的貢獻，鳳玲因緣際會下加入了欣欣扶輪社。眾所周知，這是個以服務為基調，不特別談商業利益，有社會清譽的團體。

有一年，扶輪社照例有人提案要做公益活動，通常的作法，就是捐錢給弱勢團體，然後拍拍照片，做個紀錄。年復一年，這樣的捐助行禮如儀，似乎也沒什麼不對。但那一年鳳玲就提議要改變作法。她再次活用她最擅長的「斜槓整合」。

剛好那年港都電台和民視電視台要合辦高雄燈會活動，會場中將廣設攤位。鳳玲表示，與其捐錢給弱勢，何不把這錢用來設立一個攤位，將這攤位提供作為弱勢用途，且若將攤位作為一個平台，則還可以邀請其他單位共襄盛舉，於是那年也邀請到很多朋友一起贊助。

其結果是，扶輪社花了和往年相同的預算，卻獲得了前所未見的效應。

· 對弱勢族群

當天那個攤位義賣的所有金額都拿來捐贈，他們拿到的比往年更多，並且還有現場參與感。

· 對欣欣扶輪社

不但符合了捐助目的，並且還達到宣傳效果，扶輪社的善舉被電視台報導，全國民眾都可以看到，全體社員都感到與有榮焉。

· 對主辦單位港都電台及民視

辦活動的目的就是招商，扶輪社出錢，當然也是活動業績之一。

綜觀來看，藉由這次的活動，讓扶輪社的朋友和港都電台及民視都建立起良好關係，日後商場上，又多了合作的資源。這就是鳳玲以「珍珠理論」透過斜槓整合的具體展現。

斜槓必須講求綜效

回歸本書的主題，鳳玲以她的「珍珠理論」，來談談年輕人關心的斜槓議題。在行銷的時候，人們常常談到創意，但所謂的創意，絕非胡思亂想，也絕不是單靠天馬行空鬼點子多就行。創意若無法被落實，那就永遠只是空想。其實那也跟斜槓青年的道理一樣，一個人不是興趣多元，這也嘗試那也嘗試，這樣就叫斜槓青年，如果只是到處

拈花惹草般的學習，那頂多只算是生活體驗。**但要被稱為斜槓，前提每個技能都要有兩把刷子**。以「珍珠理論」來比喻，珍珠也需要「養」，每個年輕人要從基本的技能磨練起，用勤奮來「養珠」，等到珍珠變大變更美麗，串聯出來的珍珠就更美，也就是變成真正的斜槓專才。

鳳玲表示她的每個行銷，並不是胡亂把不同產業的公司湊在一起，就沾沾自喜，以為整合行銷成功。那頂多只是不同產業聚會而已，聚會不代表綜效。**真正的綜效，要讓原本 1+1+1=3 變成 1+1+1 遠大於 3**，並且這個效果是對每家公司都有利的，不會只有某家公司得利，而某家公司虧本。

對於有心想要朝多元發展，讓自己成為斜槓青年，以及對於從事行銷業務工作，希望做到廣告行銷整合巧思的朋友。鳳玲給予的建議是：

1. 多元化學習

唯有眼界夠廣，才能有更多的創意。所謂巧婦難為無米之炊，如果一個人讀書有限，腹中的料就只有那麼多，那再有創意的人，也構思不出有用的專案。

2. 廣結人脈

某方面來說，這其實也算是一種多元學習。因為每個人就像一本書，多交朋友，就等於多讀書。以鳳玲來說，她熱愛學習，後來也去念了研究所，也加入扶輪社。這些都有助於她認識各行各業的新人脈。

3. 要有正向思維

　　當我們把心思放在更廣大的格局，就可以做出更大的事業。鳳玲一直相信，當我們把服務視作首要，多多去想「我可以為別人做些什麼」，先想到別人的好處，最後別人也會關注到我們的好處。

　　鳳玲表示，當一個人，好比一個年輕人，從進入職場起就養成這樣的正確態度，包括謙虛勤學習，禮貌多交友，以及一心能為大眾著想，那麼不出幾年，這年輕人的思維會變得敏銳，想事情會變得跟平常人不同，加上平日廣結善緣結交的人脈，讓他擁有豐富資源。那麼要成就什麼事，也會更加容易，格局也就更大。

　　在港都電台服務多年來，鳳玲打造優異的成績，後來轉調專案單位，另外打造新的影響力。像是和讀者文摘結合，邀請倪董事長與嚴凱泰一起座談，提升港都電台全國品牌形象。鳳玲也曾與時報週刊合作金犢獎，鼓舞青年學子，讓電台服務年齡層更廣。乃至於後來鳳玲覺得自己學有不足，決定讀研究所深造，修習的是組織發展。同時間，她也放下了承擔總業績的責任，自己去接觸更多的領域，包含她上了靈修光之課程，如今已經進階到行星課程第九級次。她也去上心智圖法，取得證照。

　　如今，鳳玲將部分事業重心，轉入培訓教育上，她希望能夠做到傳承，這也是她覺得對平台的一個回饋。但過程中，讓鳳玲意外的收穫，是她教導年輕人，但最終她也從年輕人那邊得到反饋，現在的鳳

玲，也是個網路行銷高手。

邁入 2010 年後，這社會有明顯的改變，人手一機，街頭巷尾沒有人不融入網路世界的，當網路媒體的力量已經壓過各個媒體，包括電視、平面媒體都被影響的同時，感覺上更傳統的廣播電台，是否更難招架呢？

答案是一點也不會，證據就是，如今港都電台業務依然欣欣向榮。

時代變了，廣播電台也可以改變，鳳玲覺得，網路自媒體不但和廣播不相衝突，甚至還可以相輔相成。具體例證是，如今港都電台已經開發出手機應用程式，客戶就是用手機也可以聽廣播，如今業務出去介紹產品，都會隨身帶著手機，鼓勵客戶下載港都電台 APP。甚至港都電台也提供平台給自媒體，歡迎他們來港都電台的八寶 (Baabao) 網路廣播平台，製作自己的節目，而港都電台扮演輔導的角色，反倒有更多的新的商機。

所以轉變可怕嗎？一點也不可怕。鳳玲覺得秉持著學習的精神，時時懂得做串聯整合，那天底下不會有什麼難事。

給年輕人的建議

最後，鳳玲想要和每位讀者做分享，希望提供給他們作為求職選擇上的指引，在工作態度及人生觀上，鳳玲想說，就算屬於非主流價

值的思維，但其實也會帶給我們自己人生不同的選擇及新的發展。

· 許願的重要

不要小看年輕時候的心願，只要夠認真夠用心，誰說夢想不會實現？

人生的藍圖常在你不自覺中就默默記錄並悄悄實現。以鳳玲自己來說，在大學畢業前，鳳玲參與了中央中文系班刊的製作，當時主編要求大家寫下二十年後的自己。她那時是這樣描述著：「二十年後的我在一家媒體公司擔任要職，經常南來北往出差甚至出國，而先生在工程界服務，收入穩定，對於我的工作一直很支持，兩個孩子也很開心朝自己的志向發展，預計在卸下經濟負擔退休後要貢獻專長，協助弱勢團體並聚焦在偏鄉的中小學教育……」

如今回顧這篇文章，鳳玲驚訝的發現，當年寫的願景藍圖已經一件件都成為現實了！

所以她要跟年輕人強調：**人生要勇於寫下夢想並向全世界昭告，那就真的會有意想不到的驚喜。**

· 從事跟業務相關的工作

鳳玲鼓勵年輕人，趁年輕勇於培養業務經驗，因為這類型的工作較能磨練自己的心志（較早學會被拒絕這件事）；學到時間的管理（兼具溝通及規劃）；也會有較多的人脈，更好的是產生自信，並培養自己擁有老闆的眼界。從事業務工作最好的事就是永遠不用怕會失業。

・熱愛自己的工作

　　鳳玲非常熱愛她的工作，媒體業務行銷與社會脈動息息相關，拜訪接觸的都是最新奇、好玩或者是社會最重要的訊息。工作本身除了養成專業的媒體素養，更能因而了解各行各業的狀況。而寫文案、寫企劃案能讓自己如同導演一般，優游在無限想像的創意中。撰寫文案是鳳玲業務繁忙工作中最好的調劑。

　　如何看待一份工作，意味著你怎樣看待你的人生。如果馬虎了事，你這一生便注定找不到什麼成就感。世界是公平的，它用一種公平的方式犒賞認真對待工作的人。

・不要怕壓力

　　噴泉之所以漂亮是因為它有了壓力，瀑布之所以壯觀是因為它沒有了退路；水之所以能穿石是因為從未放棄堅持，人生亦是如此，哪怕荊棘重重，也要堅持走好自己選擇的路，別因為困難而輕易放棄。

　　而堅持與努力要講究方法，不然將會徒勞無功。擇人為友、識人為盟、與人一生，都是人生至關重要之事。和什麼樣的人交往，你就等於選擇了什麼樣的人生。因為他們的一切，將會潛移默化影響著你對生活的態度，影響著你的人生觀、價值觀、世界觀。

　　2010 年工作內容的調整，讓鳳玲開始思考人生的價值—如果沒有了名片，那你還剩下什麼？這個省思及覺察讓她在工作上的待人處事上變得更謙虛，也促使愛學習的她開始如海綿般瘋狂吸取學術的養分，

有探尋內在的心靈課程、有讓自己的表達及思考更深入的心智圖、有讓自己更優雅的美姿美儀、有能更跟上趨勢的網路數位行銷……學而知不足。

當心靈滿足時更知道喜悅的來源是給予，一個種子，以後要整合資源教育偏鄉孩子，因只有透過教育改變思惟才可能翻轉人生。

行銷來自於人性，玩得瘋才能 wonderful。這些年因學習讓自己敞開心胸，結交許多志同道合的朋友也豐富她的職涯。鳳玲不僅是電台的專案副總、正修科大企管系兼任講師、心智圖講師、網路行銷顧問、媒體整合行銷、遊戲化教學講師、還是美姿美儀形象顧問。不斷學習、不斷開發潛能，享受靜心聆聽與讚美他人並在愛中。鳳玲最常提醒自己的一句話是：**人生來世上，不只是工作，而是出差旅遊兼學習的。**公司只是一個暫時為你實現自我價值的平台，而非終點站。當工作到了一定的階段後，你得學會將自己打造成一個品牌。

希望能給被工作不知不覺框架住的朋友或還沒進入職場的年輕人參考。

★ 希望每個人都能讓平凡變美麗，珍珠就在你我四周。

讓自己發光發熱，
也讓企業發光發熱

上市公司人資主管，暨企業培訓專家 **羅浩展**

是否當個上班族就沒有斜槓的機會？

難道職涯要有所突破，一定得創業嗎？

如果熱忱與工作理念與環境衝突該怎麼辦？

夢想的實現，如果看起來很遙遠，我該如何做？

✏ **斜槓特色**：在企業內部培養斜槓實力，把職業當成志業。

✏ **斜槓領域**：以人資為核心，擴展到整個企業功能。

提起各種事業成就、各種人生突破，以及各種生活多元發展性。經常聽到的案例，都是創業有成的企業家，或者非常成功的專業人士，而往往較少論及上班族的案例。

但在這個斜槓的時代，上班族其實也可以同時藉由專業的延伸及業外的生涯發展，開創豐富人生，至於跳脫舒適圈，誰說我們不能在同一個職場上不斷開創新局呢？介紹了許多創業有成的斜槓案例，這裡我們來看另一種成功典範。

羅浩展，看他神采奕奕談起工作理念與夢想，彷彿是在經營一份自己的事業，絲毫不覺得他是典型的上班族。但其實他從畢業後，就將他的智慧及專業奉獻給同一家公司，並取得了相當的成就。他讓我們知道，一個認真用心的人，才華不會被埋沒，不需要創業，在企業體制內，也能夠做出種種的自我突破，發揮影響力。

以下是羅浩展的故事分享。

在校園裡體驗職涯的發展與轉念

以本書的主題切入，我們先來談談斜槓。傳統的認知裡，上班族只為企業服務，頂多下班後兼職或假日發展出其他的興趣，但兼職只

是一種收入增加，興趣也只是生活的另一個面向。而所謂斜槓，不但代表著多工，也代表著每個身分都有高度的專業，最終還需做到能力整合。一個朝九晚五的上班族，如何發揮斜槓，並將影響力拓及到更多的人呢？

羅浩展經常在不同的演講場合裡，和求職者聊起生涯規劃的問題，有的人會問，若要發揮一個人的最大價值，是否一定要有縝密的生涯規劃，甚至必須創業當老闆才有可能？其實，制式的生涯規劃早已無法面對多變且挑戰的未來，**職涯的發展重點在於，自己是否具備核心能力以及對工作的熱忱？**如果少了核心能力，如何斜槓出其他因應變化的能力？如果沒有熱忱，如何在挑戰下，堅持自己的夢想，走的更遠更長？

相對來說，如果具備專業以及追求夢想的熱忱，並且又能找到可以讓自己發揮實力的戰場，那就算是在企業內貢獻所長，也是不錯的選擇。

而浩展，正是體制內創新的典範，服務於一個員工總數超過萬人的上市集團企業。在過去他與這家公司並沒有任何關係，也非靠人引薦錄取，最初，他只是一位校園剛畢業的基層員工，之所以後來擁有更多的舞台發揮，靠的就是前面說的核心能力與熱忱。

首先，在大學時期，浩展就已經清楚知道，他未來要從事的工作，一定要和「人」有關。因為他本身就對人與人之間的互動充滿興趣，並認為若能夠建立「以人為本、充分溝通」的管理機制、妥善進行資

源分配及協調衝突，這必然可以對人際互動的雙方以及社會做出貢獻。

　　必須說明的是，浩展的這種認知，不是因為從媒體資訊上查知什麼行業未來有前途就投入，也不是從小閱讀書本，「聽說」某某性質的工作很有趣，所做出的抉擇。浩展就是發自內心的，真正對這件事充滿想法與熱情，且實際上，在校園裡，他也在逐步嘗試接觸並累積經驗，認為這是他可發揮所長的領域。

　　人力資源管理，簡稱人資。對職場朋友來說，這是一種職稱，但對大學生來說，卻還只是個「概念」，其他跟人有關的工作職域也不少。舉個例子，政治與公共事務是管理眾人的事，當然也是與人關係密切的領域，因此這也成為浩展想要實現熱情的第一個目標。

　　曾經在大學時期，浩展就大方地讓師長及同學們知道，他將來想從事人力資源或公共事務管理領域。除了因為他對人際關係應用的興趣，也因為相當具有正義感的他，認為公共事務管理可以帶來的影響力最大。所以念企管系的他，大學畢業後並沒有選擇就讀 MBA，而是考取同為管理學院的公共事務管理研究所。

　　就讀碩一時，他就競選學生代表，並以全校最高票當選。這身分讓他可以擔任校方與學生間的溝通橋梁，但也因這樣的經歷，讓浩展覺得這和他想建立的管理制度大大不同。舉例來說，學校想推行禁止教學區內騎乘機車的政策以維持校園安寧，浩展本身很認同，他認為從宿舍到教學區走路只要十多分鐘，不一定需要騎車，若將機車停在教學區外圍的停車場也不遠。問題是，他既然是學生代表，顧名思義，

就必須代表同學發聲，但許多同學都極力反對，認為原本慣例都騎機車進校園，現在為何要改？於是到底要忠於自己的判斷，還是為同學發聲，成為他面臨的第一個課題，但他認為雙方都需要先建立更充分、理性及和諧的溝通方式。

再有一次，學校想在海岸邊蓋新大樓，以贊成觀點來說，校方為教學研究需要，興建大樓這無可厚非，以反對觀點來說，海岸牽涉到環保及地質等等，建設可能會影響生態環境。而在浩展的立場，他當下並沒有立刻贊成或反對，因為他自認還未蒐集到充分的評估資訊，但他卻發現，反對的一方，所提出反對的理由其實並不充分；贊成的一方，也沒有積極地用證據解答反方的疑惑。而明明正反雙方的意見都不夠專業，卻可以吵得面紅耳赤，這讓浩展覺得荒謬，如果所謂政治就是類似這樣的劇本，人們把智慧精力浪費在彼此對抗上。這不是他想要的未來。

就因為自己親身經歷衝突的洗禮，於是浩展認定，未來還是要往企業界方向走，才能建立心目中的管理制度。

到達目標最好的路，有時候需要轉個彎

2003 年，浩展取得中山大學管理碩士學位，在服完預官役後，就開始往企業界投遞履歷表。從一開始，浩展就強烈表達，他想要找的

是和人力資源相關的工作。從他的自傳中，而他的條件也受到諸多企業青睞。但浩展最屬意的一家，是國內數一數二的重量級鋼鐵產業上市公司。只是有個小小的問題，這家公司暫時不缺人力資源相關的工作，但公司覺得浩展的實力也挺符合總經理室管理師的職務需求。那麼浩展該不該接任這份工作呢？

其實，浩展幾乎沒有經過太多考慮就接受了。讀者會問，難道他所謂的夢想與志業只是說說？原來他也是反正只要有人聘他就去上班？然而這也是浩展要和讀者分享的，**當面對職涯選擇時，重點是看未來性，而非不知變通地被單一職務所侷限**。就好像有人的志向是當老闆，那他也還是得從各種基層工作歷練起啊！

對浩展來說，這是家實力龐大，不論營業額、員工數及組織規模都很有分量的企業，他相信在這樣的企業裡一定可以歷練出他更多的專業能力。浩展沒有放棄他的志向，但他也不排斥在有機會助他提升自己的各種職位上歷練。同時他也告訴自己，既已從事一份工作，就要全力以赴，沒有所謂過渡期，他相信他理想的人資工作，將來等他能力更成熟後，就會有水到渠成的一天。事實證明，日後他的確真的進入人資部門，並且因為有先前其他部門的歷練，讓他更能勝任新工作。

因此浩展認為，不論是社會新鮮人也好，在職場已經打拼多年的資深工作者也好，面對未來發展，心中除了要有志向與藍圖，同時也要秉持著開放的心，接納各種可能，因為新的機會就代表有新的突破，

你怎麼知道，有一個你之前從未想過的新的學習體驗，正好可以讓你的能力更加強大呢？

就這樣，浩展從一個基層的管理師出發。這是屬於幕僚性質的工作，浩展最初所負責的是規劃修訂公司的組織規章。也因為投入這項工作，意外地讓浩展能接觸很多經營管理，乃至於生產、銷售、財務管理層面的事務，這件事也讓他日後成為人資主管後，能更精準地推展他的業務。而在這個職位歷練兩年後，因為公司的願意栽培，他被調到總經理室另一個專門負責經營分析的單位，這工作需要做績效、成本分析，甚至需要懂得程式撰寫，雖有一定的難度，但浩展覺得他願意學習，於是一切從零開始，自己去接觸各種應用軟體，讓他在很短時間內，熟習各種分析工具，進而可以執行公司的年度預算規劃。在這職位期間，他讓自己培養出經營分析的能力，同時也在過程中，透過實務接觸了解不同部門的運作，包括生產作業績效、產品成本、人力政策等。也因為製作各類分析報表，讓他對企業運作又更深入了解，甚至在擔任管理系統內部稽核組長的工作中，奠基了他未來發展斜槓能力的重要基礎。

日後回想，假如當初浩展一進這家公司，就被分發到人資單位，那他後來反倒可能無法達到如今的成績。而現在因為他已先花了幾年時間，在其他部門歷練打下基礎，也因此當他之後正式調任人資單位時，心境與專業格局已然大大不同。這讓他可以做出更宏觀的決策，

有時候，到目的地最佳的路程，不是一直線，如果每一步都能認真地走，最遠的路反而是前往目的地的捷徑。

實現夢想的唯一方法
就是盡情享受旅程中的每一步

成長及改變，不是隨著時間歷程，就會自然而然發生。最明顯的證據，我們看到有太多的職場人士，過著日復一日的生活。他們生活中最大的企盼，就是等公司加薪、等年終獎金，以及等著放連假。改變並不會自然發生在他們身上，往往等到年紀太大覺得生涯有所不足，卻已經來不及。

對浩展的情況來說，他的成長，則來自於他內心的熱忱和對理想的渴望，以及天生的正義感。所以，對他來說，**碰到不懂的事情，不是避開，而是想方設法去學會；碰到覺得不公的事情，不是低頭抱怨，而是主動透過體制內的管道去了解，是否可以讓事情的處理有更好的可能。**

最讓他主管印象深刻的，幕僚單位有時須規劃許多如策略管理、感動服務等管理活動專案，而專案負責人基本上除了由主管指派外，管理師也可以「認領」。抱著「投資自己」的思維，浩展絕不怕累，

反倒想積極爭取可以工作學習的機會，所以每當主管提出一個案子，若一時間單位內沒人主動認領，那浩展一定義無反顧地舉手，表示他要承擔。這樣的次數多到連主管都說：「浩展，這次換別人，你不要每個案子都想往自己身上攬。」

自願承擔工作的最大壞處，自然就是讓自己很忙，可是忙呀忙的，浩展發現自己越來越能處理更多的任務，因為不知不覺間，他已經突破以往能力的極限。過往覺得困難的工作，他現在已能駕輕就熟，就好比原本他進單位時連各單位職權都不了解，現在卻能分析公司各個單位的人力需求。

浩展在演講時也會和求職者分享，經常有人抱怨公司不願給他機會證明他的實力，或是自己遭受不公平的對待。但真的是如此嗎？是自己平常選擇安逸，不願去觸碰燙手山芋？還是公司完全不給你磨練機會？工作總有不同的考驗，你是做到「能力所及」，還是願意去突破現有的天花板？**每個人都該為自己的夢想負起責任，往往就是那些願意往苦裡鑽的人，最終鍛鍊出超越困境的實力，使得曾經困難的不再是困難。**

許多時候，浩展靠著學習及毅力，讓任務可以提前達成。但也有很多的情況，浩展看見了工作的困境，而他暫時無能為力，然而就算如此，也不代表放棄，而是他知道時機未到，必須要做好準備，靜待時機的到來。

在公司服務幾年後，浩展的認真及實力，沒有被埋沒，以相對年輕的年紀，就取得一定的資歷。但即便如此，他仍有很長的學習路途要走。對於職涯發展的初衷更是沒有忘記，因此，他把握許多與人力資源相關業務接觸的機會，不僅主動承接專案，對於專案的推動與執行更是盡心盡力。而且，持續地觀察公司人力資源管理制度的執行現況，並默默地以大學及研究所所學加以驗證。當發現可能有更好的做法時，他會暗自對自己說，將來若有機會，一定要對此做出一番改革建議。

而所謂心想事成，在歷練了幾年後，浩展終於得償所願，等到公司的人資單位有合適的職缺了。他將要大展所長，做出更讓人刮目相看的事。

實現人資夢想，大展長才

進入這個企業的第七年，浩展終於來到人力資源單位報到。所謂人力資源又分成兩個單位，一個負責人員招募、出勤、薪酬管理及考核評比的人事管理課 (HRM)，另一個則是著重教育訓練及人力專案的人力發展課 (HRD)。過去七年來的努力，浩展的實力已經被看見，因此他這回調任新職，直接就被指派為主管，負責 HRD 的業務。這是浩

展首次擔任主管，也讓他開始可以藉由管理，落實他心中的種種規劃。

其實對很多大型企業來說，這樣的決策算是不多見的，連浩展也感到有些意外，畢竟他還年輕，之前也從未待過人資部門，更沒當過管理者，公司願意讓他空降主管職，而非先到人資單位歷練，或由原本的人資部門找人晉升主管，這代表對他能力的高度肯定。這也讓浩展更加相信，這是家值得他為之付出的企業。

對年輕人來說，**決定生涯的一個很大考量因素，就是評估這是不是家願意讓有熱忱的人可以發揮專長的企業。**如果是，那就不需要每隔幾年就轉換跑道，每每從零開始。**轉職的需求不在於自己碰到挫折要逃避，而是成長已經碰到瓶頸，才需要轉換。**

而現在，已經擔任主管的浩展，為了感謝主管的知遇之恩，也要展現更強大的實力來回饋。以往因為企業本身實力雄厚，產品生命週期較長，所以相對員工面對創新及變革的壓力比較小，但以另一個角度來說，少了壓力，可能也削弱了員工積極進取的態度。也因此，教育訓練單位，扮演著極重要的角色。

一般傳統企業培訓，中規中矩的做法就是依照勞動基準法，舉辦法令規定的訓練講座，以及基本的員工到職和進階主管培訓等等。但浩展就任後，決定採取令人耳目一新的作為，先盤點企業內部訓練，取消對公司或同仁沒有實質幫助的課程，重新規劃有助公司營運及同仁績效的教育訓練。浩展把管理學院所學的知識充分學以致用，並且持續地將創新理念實現在人力資源實務，任何對企業組織或員工有幫

助的改變，他都視為公司成長的能量。於是，一個在過去被認為很傳統的行政單位，被他活絡成為企業組織內熱力綻放的新引擎。

　　另一方面，浩展以美國的人才發展協會（ATD）作為推動創新的典範，因為 ATD 有著領先全球的人才發展新知、教育訓練資源及創新科技的應用。浩展也逐步將勞動部 TTQS 人才發展品質管理系統導入企業內部，並積極發展線上影音課程、內部專業認證及遊戲化課程等多元化訓練。在他如火如荼的推展新政之下，讓團隊真正動了起來。

　　而才過不到一年，一個新的挑戰也是機會，又落到了浩展頭上。原來，那一年集團剛併購一個職業球隊，需要一位專人進行管理，原本的 HRM 單位主管是個穩健並具備管理經驗的人才，因此被調去負責管理球隊，留下的職缺，就由浩展兼任。也就是說，人事調動下，浩展實質上管理的是整個人資部門，而公司的主管又是很開明願意接受新觀念的人，他放手讓浩展去做。於是，浩展也不負公司所託，投入了許多新的改革建議。他非常重視這個可以全面整合人力發展 HRD 和人事管理 HRM 業務的機會，因此他主動將全公司的人力資源制度進行通盤規劃。包括以職能為核心推動人資系統 E 化、整合訓練與薪酬／晉升制度、優化勞資會議的實施方式、推動主管與員工的績效面談、重新設計模範員工評選制度、拓展新進人員的招募管道以及加強與外部職訓機構的合作等等。浩展認為，一個高度結合企業運作且具備創新動能的人力資源單位，正是公司永續發展及提升員工滿意度的重要關鍵。

放手大改革

　　提起人力資源管理的指標，其中最為重要的，那就是公司員工離職率。一般來說，一個企業組織，若員工離職率很高，很可能代表企業體質不佳，相應的，或許是公司內部管理有問題，或薪酬制度不合理等等。然而，離職率也不是一味地要維持低，假定某家公司離職率只有 1%，那是好事還是壞事呢？其實也未必理想。因為那就代表整家公司都沒有新血注入，少了薪傳，未來可能面臨人才斷層等問題。

　　因此，浩展認為企業應該追求的是「健康的離職率」。浩展的公司，是家重視員工福利的企業，對員工的職涯有高度保障，但如何將這樣的保障，轉化為員工應該具備的貢獻或效能呢？浩展提出了兩個重大的建議：

・落實考績差異化

　　想像在一個學校裡，老師打考卷的方式，就只有八十分、九十分跟一百分這三種，那樣，學生還會認真念書嗎？當然，企業內部不會那麼誇張，但若考績制度沒有淘汰機制，乃至於變成年復一年的例行公事，那樣對企業發展並沒有正面幫助；而若不考慮企業文化而大刀闊斧地直接依一定比例裁汰人員，企業也很可能會水土不服。因此浩展提出新的改革方案，重點是將績效考核與調薪、晉升、模範員工選

拔等人事制度做更高度的整合，而整個基礎仍尊重公司原本的文化，並不刻意做出翻天覆地的改革。但是要確實讓員工知道，表現不佳一定會影響到考績，一個優秀員工跟一般的員工，其報酬也會有一定的差距。如此，考績方有其意義，員工也才會認真重視自己的績效。針對這項制度，浩展提出的另一個配套措施，就是建立溝通制度。

· 績效面談

過往以來，可能主管打了考績後，員工只能單向知道結果卻不曉得自己為何考績是這個分數，若有缺失，也不知道如何改起。因此，需要透過績效面談這樣的制度讓主管與部屬充分溝通。其實績效面談制度在許多企業都已司空見慣，但對於以貫徹公司政策、落實指揮體系及遵守 SOP 為重要工作原則的主管及員工來說卻是新的嘗試，甚至彼此會感到彆扭導致不容易暢所欲言。為推動績效面談這個新制度，浩展要求每個主管要和被打考績的員工溝通，並且透過面對面的方式，直接讓員工知道自己的績效，也讓他們有反映溝通的機會，進而訂定個人的職能發展計畫，這個新措施也將可以提升企業的整體戰力。而在浩展的推動下，新制度正在全面落實，包括每個部門，以及為數眾多的各個管理階層，都正在接受變革的洗禮。

這裡也要說明，浩展提出的這些改革，往往都是以溫和建議或潛移默化的方式進行，過程當然也會有不同意見，也有無法獲得同仁支持或主管認可的情況。每當這個時候，浩展就會知道自己的建議不夠

完備，必須要持續修正。浩展雖有理想抱負，但也絕不是一副態度強硬，寸步不讓的態勢。相反的，浩展以「虛心求教，但鍥而不捨」之姿，設定目標，他認為對公司發展有好處的措施，就會持續的提案，內容不好，就修改到更符合公司需求。也就是這樣溫柔而堅定的態度，最終都能讓這些提案被採納應用。

伴隨著考績改革，其攸關的大事，就是員工的薪資。剛好，集團又來到規劃新的薪資結構的時候。這回，浩展規劃的作法扮演了重要的角色。他認為，進行薪資調整時，不僅須建立一個可提供充分資訊的評估系統，以合理反映同仁的貢獻，更應該綜合考量職務與年資的差異、對整體薪資結構的影響，以及評估調整後的員工士氣變化。舉例來說，如果新進人員的薪資水平調高了，那相應的，不同職級的員工薪水也必須調整。但也不應該將相同標準一體適用，要視個別情況而定。例如資深員工，他們付出青春的時代，是台灣經濟快速發展的時期，就算薪資曾有較高幅度調整過，但也必須肯定他們的貢獻，因此需要考量更周全的方案取代齊頭式平等的薪資調整。否則一件額手稱慶的好事，就會變成一場惹來天怒人怨，人人都不討好的災難。這其實是個很大的變革，拋開那些繁瑣的不同單位薪酬基準計算，企業營運成本一下子要增加很多。

這是件需要謹慎推展的工作，浩展必須證明，他提出的規劃對公司有益，也就是說，雖然企業營運成本增加，但有助於提升留任率與

士氣提升，以及強化後續招募效能。此外，這個改革有一個很大的挑戰，那就是不只針對薪資調整就好，若要改變，就是「整個企業的薪資結構」都要一起改變。

讓整個企業都發光發熱

然而，相對來說，浩展除了推動人事管理制度的改革，他這幾年裡對公司投入最大心力的事，就是積極導入勞動部的 TTQS 人才發展品質管理系統。最具體及驚豔的成績，就是公司在 2018 年初次挑戰評核即一舉獲得金牌肯定。

浩展一開始加入 HRD，就覺得申請 TTQS 是優化企業體質的方案，因此勢在必行，甚至認為公司在未來應該以挑戰台灣最高等級的訓練獎項——國家人才發展獎為目標。為此，他不僅帶領同仁積極投入 TTQS 各項的訓練與制度的導入，自己也先努力考取了勞動部 TTQS 評核委員。

身為公司教育訓練制度的推行者，浩展也必須建立自己嚴格的執行標準，有時在規劃教育訓練課程時，可能訓練需求分析、訓練成效評估已經離理想只差一點，他也不放水，堅持和同仁追根究柢，做到最好為止。如同大家知道的，有考評就有對策，就好比學生考試也會

有歷年考古試題，類似 TTQS 這類的管理系統，一定都有評分的標準可依循。現實生活中，仍有部分的企業將焦點放在，如何「做出讓評審滿意」的報告，導致最後聚焦在文件製作上，而非真正落實在企業的管理制度裡。

但他也堅持，要做，就「真的」做，不是做表面文章給評審看，為了向同仁證明他是來真的，浩展堅持，在公司內的各項教育訓練改革必須落實執行，而他在前一份職務──總經理室管理師的歷練，無論在策略管理、經營分析還是管理系統稽核的經驗，竟也在此時成為他順利推動各項管理制度的背後功臣。

這件事最特別的，不是浩展逐步改革公司教育訓練制度，最終達到評核的最高標準，而是浩展一開始要的就不只是「過關」而已，他要的是：不參加則已，一參加就是要拿金牌。為何如此？因為浩展發現當時在同領域中，已經有另一家也是上市的公司取得金牌了。浩展表示，若自己的公司後來參加但取得的是銀牌，那外界會怎麼看？兩家企業都是符合國際級的大企業，但問起成績，一家是金牌，一家，喔！原來只是銀牌……這樣的事，是浩展絕不願接受的，要做就做到最好，這是他的堅持。

為了達成這個任務，浩展與訓練團隊一起厚植公司實力，默默耕耘六年，直到最終一切條件圓滿，才正式參加評核。這是非常不容易的，必須具備強大的耐心、毅力及熱情，以及一定要把事情做好的決心。

對此，浩展很感恩地直呼幸運，感謝公司原本就很重視各項強化體質的活動，歷來也取得不少國際標準認證。可以說，浩展是站在巨人的肩膀上，讓他的理想更容易推動。就這樣，在經過六年不間斷的內部訓練、修訂制度及落實執行，真正把所有環節都做到最好後。公司在 2018 年初試啼聲參與 TTQS 評核，如願以償地拿下金牌。

　　可以說浩展創造了絕佳的成績，但如同浩展所強調的，這成績是來自於整個企業的凝聚力，單位同仁上下一心，一步一腳印落實才足以獲致。

　　談到這裡，讀者要問：浩展是斜槓青年嗎？

　　他是的。在他職涯接觸的領域，從組織策略管理、經營成本分析、管理系統稽核、教育訓練規劃，乃至他抱有極大熱情的人力資源管理等，他都具高度的專業性。他從稱職的幕僚人員，進而擔任企業人資主管，並以勞動部 TTQS 評核委員的角色走出企業，提供更多企業、協會在培訓上的建議。同時浩展也是位講師，致力於讓課程設計變得更有趣，讓更多學員收穫滿滿。所以，斜槓一定要在企業體制外嗎？浩展正是一個最佳的典範案例。一個上班族，也可以做到如此完美、具備高度影響力的境界。

　　這一兩年來，浩展也逐漸將他的影響力往外拓展，像是把握在外界演講授課的機會。一方面浩展實現讓更多人了解 HR 專業的心願，另一方面，他在外演講時，也不忘時時為提升公司的形象而努力。是

真正能做到多贏格局的講師。

　　浩展非常熱愛講師工作，並且由於他具備難能可貴的實戰經驗，所以他的課程並非只是單純的理論教學。舉例來說，提起寫公文，大部分人一聽可能都會呵欠連天，但浩展的這門公文撰寫課程卻非常不一樣。他的課程採取互動演練方式，並導入許多遊戲設計，設計一些例如「大家來找碴」的活動，使學員可以在課堂上積極搶答。目標是讓每個人得以掌握公文溝通的要訣。如此，也能讓工作順利推動，並且讓原本看起來枯燥的主題，變得非常有趣。當初開課時，浩展設定的學員人數大約是四五十位，沒想到後來竟然有近三百人報名。為此，浩展必須改作業改到深夜，但他卻不以為苦，反而樂在其中。

　　關於 HR 領域，身為經驗豐富的實戰高手，浩展還有很多的專業可以分享。而他的自身經歷，也讓我們見證了一個在體制內依然可以創新的最佳典範。

　　未來的浩展，將帶著無可救藥的樂觀，繼續往夢想前進。

Chapter 3

創業與成就篇

從工藝到藝術，
從美髮到美麗生活

美麗達人，南方全方位時尚教主 **方曉珍** 👤

是否覺得傳統行業如美髮業、小店經營者等，似乎無法斜槓？

是否覺得自身學歷不佳，往後很難做出一番事業？

是否許多的產業組合，你覺得不可能並存？

但實際上斜槓是可以無極限的？

✏️ **斜槓特色**：以核心技能為中心，層層衍生新斜槓。

✏️ **斜槓領域**：從美的產業到住的產業。

上午十點，一個穿著打扮都很有品味的都會女子，依約前來看屋。

她談吐優雅，分析專業，確實是個房地產達人。

聽聞這女子，處理房屋買賣非常有效率，一年來經由她手仲介的物件數量可觀。

看屋時間不長，那女子已經掌握這裡的特色，也拍好房間照片，

「等一下要換去哪看屋？」

「不，我要回自己的店，今天有滿滿的預約。」

「是回房仲公司開會嗎？」

「不，我的店是髮妝沙龍，我的主業是時尚整體造型師。」

看著她離去的身影，不得不敬佩，這個跨業經營不同事業的女子，不論做什麼，都做得很精采。

把斜槓精神融入平台裡

在高雄地區，特別是鳳山一帶，提起美髮方老師，幾乎無人不知無人不曉，並且她的專業從美髮美妝到整體形象美，全都含括。雖然不是那種經常上電視節目的美容美妝教主，但方老師的名氣在地發光發熱已經超過三十年，也開創了許多南方第一。

★「對我來說，我希望經營的是一個平台，利用我的平台資源，可以

讓我的客戶得到全方位的服務」

　　提起平台，一般人所想到的，可能是 PCHOME、臉書這樣的網路平台，或是類似各種協會、扶輪社這類的社交機制，可以讓來自不同地方不同產業的人互動交流。卻很少聽聞，一家美髮沙龍也可以是平台，畢竟，我們會來到這裡，不就是要做個美美的頭髮嗎？難道坐在這裡彼此聊天，交換一下八卦或股票情報也算平台？

　　但許多年來，方曉珍真的成功的讓美髮沙龍不只是美髮沙龍，而是一個可以協助客戶得到「全方位美麗」的服務中心。美，從頭到腳；服務，從個人美麗諮詢到婚禮專案，這幾年更是融入房地產事業，也就是說，客戶來到曉珍這裡，不僅僅可以讓自己變美麗，也可以把自己的產業委託給她處理，全部都在同一個「平台」上，也許，當客人花兩三個小時完成美麗的髮型的同時，她也已經取得一個好的投資物件。

★ 「現代人追求斜槓，讓自己具備多重身分。我則是讓我的斜槓也融入我的平台，最終我的客戶群，都可以享有我不同斜槓的服務」

　　這也是另一種打造黏著度的方法。過往，原本依賴曉珍的專業技術以及用心服務，本就帶來客戶很高的向心力了。而今，隨著曉珍的平台建立，可以帶來的衍生價值越來越多，那客戶就更喜歡來這裡了。

學習就是為了分享

　　從十七歲開始，曉珍就開始學習美髮。曉珍在屏東鄉下出生，如同許多美髮學徒起家的女孩般，當時她家中經濟不好，也無力負擔她更高階的學業，她出來工作就是要協助家計。雖然當個學徒，但內心裡她還是想念書，事實上，直到今天，曉珍都還是維持著有機會就去上課自修的習慣，即便她自己現在都已經在大專院校擔任講師。永遠抱持著「學無止盡、求知若渴」心境的她，就是覺得這世界上，有學習不完的學問。正因為如此，她後來的職涯路，才能不斷有新養分滋養，讓她總是能在原本的環境裡，發現可以跳出舊框架的新思維。總之，在少女時代未能充分實現的求學夢，之後靠著不同階段半工半讀，包括結婚生子後，她也繼續去念二技，一路往上研習。到了 2018 年，她不但擁有休閒管理系的學位，也取得企研所的碩士文憑，如今也是個企業管理師。

　　曉珍很喜歡上課，我們知道很多在職者的上課，主要目的是取得文憑好讓現有的事業鍍金、讓經營者的身分更有分量，另外也有人是擔心被時代淘汰，因此透過上課，讓自己與世界趨勢同步。對曉珍來說，她上課的主要目的，當然也是學習新知，但更進一步的，曉珍從來都不是只滿足於「上課增長智慧」就好。她非常喜歡分享，對她來說，上課如果只是讓知識流進自己腦袋，單純提升自己，那實在太可

惜了。多年來，曉珍幾乎已經養成習慣，只要是上過的課，不僅要流進來，也要分享出去。她的具體作法有兩種：

1. **把上課所學的新觀念，實際應用在工作上**

2. **把上課所學的知識融會貫通，再透過重新詮釋，傳授給學生和客戶**

以如今曉珍常態性的在大專院校以及許多企業做內訓，不論是講授時尚美學或美姿美儀等，她的備課都是非常辛苦的。許多人都曾聽聞，有的教授上課，一本教案可以講二十年，日復一日照本宣科，但曉珍上課剛好相反，她的課程內容不是一年更新一次，也不是一學期 Update 一次，而是至少每季都會有更動。畢竟，在訊息萬變的時尚產業，永遠都有新潮流新概念，況且加上，曉珍平常就會到處上課學習自我精進，為了將新知融入，她的授課投影片就得頻繁更換。相信就算有學生每年都追隨曉珍上課，也絕不會覺得上課內容重覆，這就是曉珍基於知識分享精神，所做的智慧傳承，保證誠意十足，專業十足。

從美髮師到方老師

任何產業都是一樣，成長晉升不分貴賤，只要有心學習者，就一定會爬得比別人快，所以十七歲當美髮學徒，之後很快就出師的曉珍，到了二十三歲時，她已經從屏東北上高雄，自己創業擁有美髮店。

當年，一方面台灣的經濟仍在草創成長，一方面南臺灣的資訊也相對封閉，曉珍那時還不懂什麼叫做「時尚」，也不懂什麼是行銷、什麼是整體形象包裝，但她就是有種感覺，覺得自己現在做的事，對客人來說，還不夠全面。常常有客人來店裡做頭髮，她一邊幫客人修髮，一邊內心也會嘆息，唉呀！這個女生其實長得很清秀，可就是整體氣色看上去很差，透過美髮是可以讓整個人稍稍亮一些，但如果再加些彩妝，那她就會變得更出色。當時的曉珍只是邊照著鏡子邊替客戶覺得可惜。

　　一陣子下來，有天曉珍忽然想到，如果她總覺得光是幫客人修整髮型還不夠，那何不自己去研習如何做好彩妝，這樣她以後就有能力幫客人不只做美髮，還可以提供美妝服務了。就這樣一個念頭，在二十八年前，大約 1990 年代，曉珍開始讓自己「斜槓」了起來。

★ 「一個人只要有心想學東西，任何人事情都擋不了他／她。相反地，一個人無心向學，就會找一堆藉口，請假遲到。」

　　在那個甚至電腦都還未普及的年代，可不是像現代這樣各種課程到處都有，況且南部地區不若北部資訊發達，說要學習，談何容易？因此，從那個年代要開始讓自己斜槓的過程，講起來簡單，然而真正的落實都需要強大的毅力。例如，曉珍為了學習，經常得一大早搭火車北上，晚上再搭車回去，很多時候回到家都半夜了，甚至要犧牲休假日來進修。

即便如此，為了學習，曉珍毫無怨言。也就是因為青年時期打下那麼好的基礎，讓她日後可以成為一個名師。這樣的曉珍既懂得與時俱進，勤於進修學習，並且又懂得分享，她從不藏私。當時她也沒想過自己有一天會變成老師，但隨著她的樂於傳承，帶起她的全方位團隊，進而也帶起她美髮店的名聲。久而久之，人們開始稱呼她為「方老師」，到今天，她在髮妝時尚界，依然是個令人敬佩的師者。

斜槓前，要讓自己站在制高點

現在回首，好像方老師在美髮界的地位，三十多年來都屹立不搖，但若回顧起她奠定地位的過程，其實都是一步一腳印，如果中間稍有鬆懈，那曉珍可能就只是一個在地的美髮師傅，不可能像現在這樣受邀到大專院校講課。

很多時候，需要有意願接受挑戰。曉珍表示，那年代一般都是本土傳統的剪法，這種剪法的好處是，就算師傅美髮過程把頭髮稍稍剪壞了，也容易藉由燙髮的過程，來做挽回或掩飾。而曉珍所受的美髮訓練，當時卻是勇敢地和歐美取經。她在二十五歲時，為了學習親自飛到法國、英國、以及美日等國，並習得專業歐美式剪髮技藝。在專業領域上，其實歐美剪法跟日韓式剪法是截然不同的。歐美剪法難度較高，且最讓美髮師膽戰心驚的是，這種刀法，刀藝好的話，可以剪

得很有型，但過程中若技巧不足，無法做好銜接，由於髮型角度、層次明顯，之後要補救就很難取巧。然而，要做就做最好的，只要有資金，曉珍不吝於自我投資，她就是要學最先進的世界潮流。

曉珍的投資，絕對是值得的。不只是她本身已經得到在地美髮界教主般的地位，更因她的熱誠及上進心，贏得了同業的心。許多人願意追隨她，成為她的學生，也是因為有許多弟子，更加地穩固了「方老師」的地位。在這個過程，曉珍也確認了幾項經營的智慧：

・品牌是王道

一個人與其將焦點放在如何賺更多錢，不如將焦點放在如何讓自己成為一個品牌。只要有知名度，就會有指名度，那金錢就會跟著來。

・嚴格堅守價值與價格的不同

不要輕易為了價格退守自己的品質底線。要讓客戶認知，妳要跟我論價，那就沒資格講品質；若願意追求好的價值，我保證，我的價位物超所值。

也因為很早的時候，曉珍就願意將主力放在價值提升，從不參與價格戰。十幾二十年下來，雖然歷經種種經濟變遷，高雄市的美髮店生態已經不知更換過幾輪，曉珍的創業旗艦店以及她的名聲，反而更加茁壯。就好比在金融海嘯的年代，許多家庭受到嚴重打擊，有些行業慘遭波及，就算店沒倒也不免降價配合客戶。但多年來，曉珍總是堅持自己的品質，不參與任何降價的惡性競爭，不論寒暑都保持相當亮眼業績。然而曉珍也表示，人非萬能，不要一有了好業績，就志得

意滿。事物有多個面向,這裡照顧好,不代表已經面面俱到。

曉珍本身勤於進修,也對自己的使命盡責,凡事皆事必躬親,然而這樣卻為她帶來兩個後果,第一是她忙碌到把自己累壞了,再來是她的事業發展變得十分受限。曾經不只一次,隨著母店的生意越來越蓬勃,她的店招也已經是品牌保證,不免就有親友建議,開分店吧!理論上,好的模式只要能複製,開分店應該也是不錯的選擇。於是那幾年曉珍開始展店,分店都掛著方老師的品牌店招,每位店長也都是由曉珍親自調教出來的高手,技術上絕沒有問題。但實務上,卻屢屢遇到挑戰,幾乎每家分店,頂多只能撐二至三年,就黯然收場。

事後檢討,如果有心將自己的店發展連鎖模式、變成事業,那曉珍自己的定位應該也要轉型。**從在她創立第一家分店的那一刻開始,曉珍也應該退出她的母店,讓自己站出來,站在一個制高點,並將主力放在管理,而不是站在第一線拚業績。**

過往當曉珍自己負責一個店務時,若發生任何的狀況,好比有了客訴,基本的做法是今日事今日結。當天晚上曉珍一定集合員工開會,有問題當天就解決掉,該教導的,該糾正的,不會拖到隔天。當然,曉珍也不會當著客人面指責員工,若關係到員工個人行為的,不論是技藝或工作態度,也會一對一說明白,同時若發現該員工根本心已不在此,也要快刀斬亂麻,好聚好散。

「在服務業,有負面思維的員工像顆毒瘤,若不儘快處理,很短時間內就會影響到整家店。要知道,問題不處理,不會主動消失,等

問題不可收拾再介入就來不及了。」

　　而當曉珍自己親自管理店務時，可以做到這樣的管理，所以業績蒸蒸日上。一旦她忙於展店又忙於現場，無法做好管理，每家店遇到問題時便會越拖越嚴重，終至經營不善。

　　這也是這些年曉珍在研習取得企業管理碩士，對經營管理學了解後的更深體悟。現在的她，也懂得讓自己跳出來，站在統合的高度，也因此她才可以分身真正讓自己斜槓，她既是髮妝沙龍店老闆、專業造型師、形象管理師、美妝諮詢師、新娘秘書、造型搭配服裝採購，也是合格的房地產經紀人。

不斷拓展出去的斜槓項目

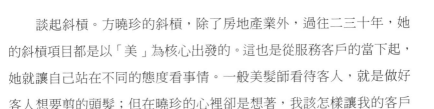

　　談起斜槓。方曉珍的斜槓，除了房地產業外，過往二三十年，她的斜槓項目都是以「美」為核心出發的。這也是從服務客戶的當下起，她就讓自己站在不同的態度看事情。一般美髮師看待客人，就是做好客人想要剪的頭髮；但在曉珍的心裡卻是想著，我該怎樣讓我的客戶整體變得更美。

　　對曉珍來說，起初最難推展的，不是自己能力不足，而是客戶覺得不需要。一般的市場供需，總是客戶提出需求，讓供應方努力完成，

以美髮界來說，師傅擔心的是客戶提出刁難的要求，例如明明自己的頭型臉型不適合，但偏要剪出某某韓星的髮型等等。但當年的情況，是一般民眾都覺得自己「已經很好了」，但曉珍想努力去推廣的，是整體美的概念。

曉珍第一個斜槓項目是彩妝，二十幾年前，她不僅親自去跟知名彩妝師學習，並且也督促自己團隊成員接受培訓。曾有半年時間，經常坐火車趕場。但頭髮美了，妝容也美了。可是客人站起來，還是覺得哪裡不對勁。

是的，「人要衣裝，佛要金裝。」整個人被裝點得美美的，但一身衣服還是充滿俗味土味，仍然上不了大檯面。髮妝與穿搭之間是相互依存的，有著密不可分的關係。

怎麼辦？曉珍雖然對美髮美妝很專業，但時尚是個更大的課題。她可以看出一個人美不美，但如何補上美的不足，還需要更上一層樓的專業。於是她又去上課，這回是去跟一位有醫師背景但投身美學領域的老師學習，跟她學比例美、人體結構等，也學人的不同身材類型、不同體型及身形比例等，會傳達出何種視覺美感，以及該如何穿搭衣服。就這樣一次拓展一個領域，曉珍的每個斜槓，都是一次自我挑戰的大學習。畢竟，每個單一領域都有人作為終身職業，但曉珍卻要跨領域去把這些專業學起來，並且要融入其他的領域。

現在，曉珍已經對審美養成一種自然而然的習慣，看任何人一眼，

就知道她缺了什麼，該如何透過摻入不同的元素，來達到整體美的和諧與時尚感。「美，就是一種視覺的傳情。」

　　簡單來說，一個人的美，特別是女子，整體的美感必須結合三種美的元素，亦即「感性／性感／知性」。一個很感性的人，會讓人覺得活潑具親和力；至於一個性感的人，無論男女，基本上就是很吸引人；知性則帶給人專業優雅的感覺。一個好看、充滿吸引力的人，在視覺上必定有著這三種元素存在，只是不同的人依照外型以及職業等，有不同的搭配。好比說，一個壽險業務員，帶給客戶重要的特質應該是專業，在造型上就該有很大的知性成分，若太過感性，就無法帶給客戶信任感。因此美，是整體性的概念，須考量人、事、時、地、物。

　　對曉珍來說，「美」是一種藝術也是一種生活態度，針對不同的對象，配合不同的場合，好比婚禮、上班或休閒等，給予恰當得體的裝扮建議，是造型工作者應有的條件，這些對於駕輕就熟的她「玩美」就是生活藝術。

　　美髮，美妝、服裝造型……再繼續斜槓下去，理所當然的，就衍生到新娘秘書。方老師，不僅在美髮界有師字輩的名氣，她在高雄地區，也是知名的新娘整體規劃師。也就是說，她已經做到不只幫新娘化妝，而是幫整個婚禮專案化妝，包含新郎新娘、伴郎伴娘還有新人的家人等，全都由她負責「美麗」的工作。

　　這時候就更加看見平台的重要，美髮師的工作性質是定點在鏡子

前剪頭髮，而新娘秘書卻是動態的。曉珍必須配合客戶的場地，到新娘家及婚攝場地作業。

曉珍不同的斜槓項目，有的是靜態，有的是動態。這時候，曉珍如果只是單純的移動式 SOHO，那不一定很方便。但由於她有髮妝沙龍店可以做平台，客戶永遠知道哪裡找得到她。透過平台，她也方便做培訓，可以用平台承接案源後，指定團隊裡最適合的設計師負責。

有好的平台，便能讓斜槓的威力更加分。

因為要讓妳更好，所以我要斜槓

提起斜槓，斜槓的基本是什麼呢？基本就是「妳這個人」，也就是妳的「品牌」，以數字來比喻，好比說 100000，一個數字後面有越多零，表示這個人越是高手，然而若那個「1」出了問題，那後面有再多的零都沒有意義。**因此斜槓的根本要件，就是「自己」除了要有專業外，還必須具備一定的人格操守，並且做任何事都要認真負責。**

對曉珍來說，她在美髮界已經打穩品牌，但即便如此，她在其他領域也絕不敢鬆懈。她熱愛美的創作，對每一個妝髮都抱持著高度的專注，如同在創作一件藝術品。以新娘秘書的工作為例，曉珍可以自豪的是，每回她做完一場整體新娘秘書，之後總會接到對她表達感恩

的「回饋」電話或 Line 訊息，或留言說：「感謝妳的專業，那天讓我成為最美麗新娘」。另外也讓曉珍引為傲的是，那被傳統年齡定義為「熟女」的主婚人，在宴會過後，都會非常開心的跟她頻頻道謝說：「那天我變得很美，很多人都認不出我來，說我那天漂亮又高雅，真的很美。」

美？當然囉！曉珍的使命，就是讓自己成為帶來美麗的藝術家。

把自己當作是藝術工作者，這樣的使命，有時候也讓曉珍不免覺得自己有些「職業病」，因為她就是有時看不慣，明明好好一個人，卻因為一身不合時宜的打扮，讓後面辦什麼事都不順利。起初她也只是好心建議，但久而久之，大家也都知道，要怎麼穿，找方老師。

她可以幫不同的人針對不同情境做造型規劃，例如今晚要參加PARTY，該怎麼穿？明天要去上市公司面試該怎麼穿？後天要跟女友求婚給她驚喜，要怎麼穿？

這類的服務有兩種模式，一種是純建議，曉珍會要求對方把他現有的服裝及鞋子等，拍照傳過來，由曉珍提建議。另一種則是由曉珍直接規劃要如何穿搭，那些衣服大部分是由曉珍專案限量從國外帶回來的。「美」的行業做久了，曉珍已經培養出一種獨到的美學，她每次為客戶挑的衣服、配件，因了解客戶的條件及獨到的眼光掌握流行動脈，大部分帶回來的衣服配件，都可以找到最佳穿搭的主人。

其實對曉珍來說，她原本就具備了可以賺錢的好技能，為何仍要

花許多功夫去學習，讓自己擁有更多的技能？核心的理念，已經不是為了獲利，而是當她看到自己的客戶因為變美而擁有自信的笑容時，內心會感到滿滿的成就感。

因此，對曉珍而言，她的斜槓，從來都是因為站在客戶的立場，後來逐步發展出來的。也因為如此，她的斜槓，雖不刻意利潤導向，但最終因為以客為本，後來彼此結合，反倒讓曉珍這個品牌更加發光發熱。

同樣基於這種以服務為主，利潤其次，甚至不計較利潤的思維，曉珍自然而然的朝講師領域發展，這也算是另一種斜槓。當然，原本在髮妝體系，曉珍本來就是老師，但那都算是培訓領域的師傅，但到後來，曉珍上課的對象，已經是青年學子，也包括社會各界對建立個人風格有興趣的人。她的主要目的，就是讓好的觀念，可以透過講堂傳授出去。

在高雄地區，曉珍的課堂總是爆滿，學校有學分的課不說，但民間的課也是爆滿，那就非常難得。記得有一回中秋節連假，主辦單位把曉珍的課排在連假其中一天晚上，曉珍也曾好奇，這個時段會有人願意來嗎？可能當天只有小貓兩三隻吧！結果真正開課當天，依然是全場滿座。這也讓曉珍感動，現代人都很熱愛學習，這個社會有希望了。是的，讓美成為一種生活態度，美，就是生活藝術。

★「不要誤以為，愛美是女人的事，其實，美麗已經是一種基本社會

禮儀。並且影響一個人未來發展甚鉅」

有時候，一個人光是能夠建立自信，就會充滿魅力。曉珍舉例，曾經知名女神瑪麗蓮夢露小姐，做過一個實驗，某天她和助理刻意沒精打采，穿著也很普通的走進大街，並坐在長椅上看報。人來人往的，卻竟然沒人注意到她就是那位國際巨星，後來過了一段時間，瑪麗蓮夢露覺得「時刻到了」，她刻意抖擻精神，把頭一甩，優雅的站起來，瞬間周遭的人忽然都認出這位巨星了。並瘋狂找她簽名。

所以，自信是如此的重要，就好像一個人變美的開關。像這樣的知識，就是曉珍上課要傳達的事。良好外在形象對現代人來說是建立自信的一把鑰匙。

★ 「不要讓年齡限制了你魅力與美麗」。無論你在人生的任何年齡與階段，都要讓自己活得率性自在，不管你是媽媽還是當了公公婆婆，已婚或是單身，都不要放棄魅力與美麗的權利！

跳 Tone 的斜槓，跨足房仲業

當然，在曉珍所有斜槓項目中，最讓人感到跳 Tone 的，就是房仲業務了。畢竟，前面每個項目，都可以說是「美的延伸」，並且也都可以聚焦在同一個人身上，例如對某個客戶 A，曉珍可以幫她美髮，可以幫她美妝，可以幫她做造型規劃，可以幫她做新娘秘書，也可以幫她上整體美的課程。但房仲？或許也可以說幫她買賣房子，但這會不會扯太遠呢？

其實，關鍵還是在平台。如果曉珍只是一個擁有多種執照，會很多項專業的斜槓青年，那可能每一個斜槓項目彼此都不一定相關。但既然曉珍擁有自己的平台，那每個斜槓，就可以相關。

當初如何投入房仲產業，這又是跟另一個斜槓項目有關，不過這回的主角是曉珍的先生，曉珍只是在協助先生的過程中，不小心又多一項斜槓。原來曉珍的先生本來是個公務員，後來因為覺得人生似乎應該有更大發展，而選擇提早退休，創業加入餐飲業。他不是開一般餐廳，而是在高速公路休息站標得一個位子經營美食，後續延伸到外面的快餐店，經營了六七年。過程中，曉珍也經常過去幫忙，所以曉珍另一個斜槓就是餐廳老闆娘。

餐飲事業經營得還算可以，但過程中對曉珍最大影響的是，她發

現自己還挺擅長做業務。由於自己先生個性比較木訥老實，所以開店過程很多事項都是委由曉珍洽商，也因為在當初接洽店面時，不免會談到各種店面土地價格等等，曉珍因此多次接觸到這類地產行情，也產生興趣。當時的她覺得，如果哪一天不做髮妝老師，來做房產業，或許也可以做到有聲有色。「擺在任何位置我都能生存」。

也是一次偶然的機緣，假日到高雄西子灣喝咖啡，在看報章雜誌時，無意間看到鳳山新特區有一家房仲公司新開幕，在招募新人，當下曉珍內心就有種想法：「如果，將這行業融入我現有的工作平台，我應該也可以發揮得不錯。」內心一有這樣念頭，即知即行，後來真的去參與應徵。

這真的很跳 Tone。畢竟，曉珍不是個二三十歲正在找工作的年輕人，她是個在時尚界有一定名氣，也絕不缺案源的知名老師，這樣的人，怎麼會忽然要「應徵工作」，並且，還是過往完全沒經驗的房產業務工作？

但事情就這樣發生了。曉珍加入了房仲業。

仲介這行沒底薪，本來就不排斥任何人加入。但即便如此，當時的店主管仍用懷疑的語氣提醒曉珍：「這行業不好做啊！有很多的辛苦，妳願意接受挑戰嗎？希望妳不是因一時興起，如果真的想要嘗試不同的人生，那至少撐四個月以上。我們看見太多新人，撐不到四五個月就放棄了。」

曉珍當下很有自信地說：「您放心，我會給自己一年的時間，測試自己是否可以勝任。我相信我可以！也保證至少做滿一年。」

後來曉珍做出的成績真的令人刮目相看。的確，她跟一般房仲的工作作息不同，一般房介可能一天到晚守在辦公室等電話，帶人看屋，接著又回辦公室等待。但曉珍卻是每天早上到房仲公司開會後，照常回去經營自己的其他事業，把房仲融入她的事業平台，**並將房仲業務導入分潤制方式經營**，由多工分任處理每個委託案件。結果是，她的業績非常亮眼。事實上，幾年過去了，房仲產業人士幾經變遷，但從零開始學起的曉珍，卻經營得更加有聲有色。

但這算是奇蹟嗎？不算是。一個人靠用心經營，懂得用頭腦結合自己的平台，這樣做出的好成績，當然不是奇蹟，而是不折不扣的實力。

因此，今天不論你處在哪個產業，也許試著以「為客戶服務」為核心，並以此發散，也許就能造就不同的斜槓事業境界。

如今，有機會到曉珍的店裡，若有機會看到她，你可以和她學習很多。她也許一看到妳，就知道你哪邊需要「修一下」，她會跟妳說：「你不適合穿深色系列衣服，這讓人身上少了感性美，如果妳下回穿些暖色系的打扮，可以讓你看起來較有女人味。」

然後你忽然聽到有個美髮客人正和曉珍討論事情，說：「謝謝妳上次幫我那棟房子那麼快就處裡好，現在啊！我有一個表哥，他的房

子也要委託妳幫我們賣。」

　　有沒有聽錯？沒有，你沒聽錯。這就是我們的斜槓女子，既是髮妝老師，也是時尚形象管理講師以及房產達人，真正的斜槓典範。

讓學習開花結果，
就能綻放燦爛人生

勞動部勞動力發展署 TTQS 輔導顧問＆人資達人 **陳雷** 👤

年輕人是該經常換工作還是從一而終？

一個沒念到大學的小店員如何拓展成功人生？

收入如何定義？是否可以領薪水與其他收入兼備？

如何以我本身為核心，散發最大的影響力？

✏ **斜槓特色**：以學習累積新的學習，打造無可取代的專業經歷，可以活躍於不同產業。

✏ **斜槓領域**：以TTQS以及人資輔導為核心，可以服務所有企業。

對年輕人投入職涯的種種選擇來說，到底應該要讓自己累積豐富多元經驗比較好？ 還是應該對某個領域做深度投入比較好呢？

就以讀者面前這本書為例，我們介紹的成功人士，包含從畢業進入一家公司就再沒換過工作，而做出極好成績的例子，但也包含職涯經歷多變，幾乎每隔一段時間就更換不同經歷，最終創業擁有幸福人生的例子。

所謂「滾石不生苔」，這句長輩代代相傳的職場叮嚀，但在時代變遷越來越快、越來越多元化的時代，也有前輩提供完全相反的建議，鼓勵滾石才能滾出更大資源來。到底怎樣選擇才是對的呢？

投入人力資源領域近十年，也在這個領域獲得許多成就，就在本書出版的前一年，陳雷共有十九個所得來源，擁有斜槓多工能力的陳雷（本名陳俊傑）老師，正可以用他的人生故事，為我們提供一個很實際的解答。

以下是陳雷老師的故事分享。

原本平凡無趣的工作人生

屏東孩子陳雷，成長在一個單純的小康家庭，二十歲後舉家搬遷

到台南。家中經營餐飲事業，小時候就在餐廳幫忙端盤子，也在那時候培養了基本的應對進退禮儀。當時的他個性內斂少話，安靜有禮，因為不大會讀書，最初的人生志向，只想找個安穩平凡的工作。

在南臺灣資源的確比北部少，不論薪水及工作機會都不多，當時只有私立專科學歷的陳雷，如同其他年輕人般一心嚮往台北的生活，因此退伍找工作時就往北部找。陳雷的第一份工作，是在台北的公司擔任基層銷售業務，賣的是大家非常熟悉但又不熟的領域——工業用研磨材料，也就是俗稱的菜瓜布。從那刻開始往後的十年，陳雷的人生經歷看來非常平凡，沒有高薪也沒有高位，甚至看不到前景。然而，事後回顧才知道，就是有這十年的打底，到後來因緣俱足後，才得以綻放出龐大的能量。

無論如何，那個年輕人陳雷，當時尚無遠大志向，最大的生活追求，就是有收入可以活下去，那是受迫於現實的無奈，但除此之外，他和一般年輕人最大的不同，就是不論身處什麼職業，他堅持的兩件事：

1. **任何時刻，有機會學習他都不放棄，若要放棄部分薪資，他仍會選擇學習。**

2. **不論站在什麼崗位或從事任何一種學習，他堅持，既然時間花了，那就要做出成果。**

就是因為這兩個多年來從不改變的堅持，讓他能夠從平凡的起

步，走向不平凡的發展。

　　簡單敘述陳雷職涯的前十年，第一份工作銷售工業用研磨材料，主要客群是汽車產業跟傳統製造業。但那年剛好是 1999 年，當年媒體的兩大事件：911 事件以及納莉颱風嚴重災情。原本談好要拜訪的廠商們，在颱風掃過之後，大台北遍地哀鴻，一輛輛泡在泥水的車子慘不忍睹，三重新莊蘆洲等主要市場也無法倖免於難，陳雷的工作也做不下去，連他上班的那家公司都難以營運。終於他還是回到熟悉的南台灣，換跑道到老牌連鎖書店擔任店員，但薪水不高甚至發薪狀況也不穩，這讓他覺得生活難以維持，即便短期內就升到副店長一職，終究還是轉戰電信業，在台灣大哥大前身泛亞電信擔任店員。這也是他過往生涯歷程中，資歷最長的工作，這期間的學習歷練，也讓他累積了專業能力。

　　可以說，他是因為命運安排，才一腳踏入人資這行。但不變的前提，是因為他工作認真，才能在抓住機會後，步步往上攀升。

　　改變，就從他被派去培訓開始。

領略學習與培訓的價值

　　那是台灣電信業發展比較早期的階段，台灣大哥大全台門市也才

一百多間，並且當年電信業並不樂於展店，對高層來說，展店只是一種成本，重要的是門號銷售，也就是「業務據點」的概念尚未普及，仍把門市當作「服務據點」。然而，當時各種新興的門市經營以及全方位服務的觀念已經被討論，公司也開始思考要導入各種內部培訓。

對大部分同仁來說，培訓就只是「被派去上課」的概念，乃至於有人覺得這是件麻煩事，甚至會影響做業績的時間。當年陳雷之所以去上課，也不是主動爭取的，而是高層規定要派員工參加，於是店長問他是否有意願去上課。但就是那次培訓，讓陳雷開了眼界。

至今陳雷仍感恩，當年授課講師——楊林田老師，是他啟蒙了陳雷。雖然只有短短兩天，但那時撒下的種子，已在陳雷心中發芽。人生第一次，陳雷有了明確的職業方向，他想要當個可以培訓別人的人，他想要當講師，雖然真正實現，已是多年後的事。當年陳雷完成培訓後，如同其他同仁所說的，就只是「上課」而已，終究要回歸到原本店員的角色，每天做一樣的事情賣一樣的產品，並沒有因為培訓而改變太多。

但因為有了這次的學習經驗，過了一陣子，當總公司有位置空出來時，陳雷就想爭取。那其實是個臨時職缺，有同仁留職停薪半年，這半年需要有人代理工作，而那是個能夠整體規劃教育訓練的工作。以現實層面來說，該職缺薪水沒有比較高，事實上到台北生活，交通費、住宿費都要自己補貼，同時間還損失在門市本來可以獲得的業績獎金。所以那個職缺不會有中南部的同事爭取，誰願意為了一個半年

支援的工作，還讓自己收入倒貼？

　　但陳雷就願意。因為他看重的是在總公司能學到更多經驗的機會，事實上，那半年真的讓他學到很多。

　　當時陳雷去台北總公司面試，其實他去的同一天，總公司已經找到人選了，是北部的某個店長，但由於時間已經事先排好，所以仍如期做了面試。但讓所有評審驚訝的，陳雷這位年輕人竟然有強大的意志想要爭取這工作，他甚至都已經事先解決住宿的問題才來面試。與其給一位純粹來支援的店長接任，倒不如給這位年輕人一個機會。就這樣，當下主管就決定錄取陳雷，速度之快，乃至於陳雷當晚就必須在台北住飯店，隔天立刻進行交接。

　　這是陳雷人生第一次，但卻絕非最後一次，當他做抉擇時，是以學習面而非薪水福利面做考量。

　　事實證明，年輕時候與其投資有限的金額，不如投資在腦袋。陳雷損失了半年原本可以更高的收入，換得是一生受用無窮的學習及觀念提升。

用學習來為自己加持

　　許多時候，可能因為大環境背景，時機尚未成熟，所以成長過程各階段的學習，並不會立刻派上用場，但並非學習無用。陳雷逐漸認

知，**每一次的學習，都讓自己的未來增加更多的可能性。**

對陳雷來說，這次的總部歷練非常的重要，因為原本以他私立二專的學歷，根本連去總公司面試的資格都沒有，但因為這個機會，他可以更深入認識電信產業，也開始可以親自參與課程規劃與執行。即便代理半年後又必須回到原本的門市，但總公司的學習經歷的確有了影響力，沒過多久，陳雷就被晉升為副店長，但他心中一直都知道，門市服務不會是永遠的人生志向。**同時也讓陳雷確認一件事，那就是人生很多事需要頭銜、需要履歷。**

原本店員的資格，經過總公司的「歷練加持」後，就足以讓他的職位後來再升一級。那同樣的道理，**他只要積極找到可以為經歷鍍金的機會，人生就可以獲得重大提升。**

在台北總公司代理工作的那半年，陳雷也很勤奮的到處學習，像是上各類經營管理課，求知若渴的他，幾乎每個晚上都排滿行程。

而如同他一貫的學習理念：現在的學習，並不一定要有具體目的，純粹只是讓自己增長見識，多一些額外技能而已。但誰都不能預知，未來某年某月某日，你現在所學的便派上用場，於是改變你的人生。

命運是這樣為陳雷安排的。在台北上課期間，他因為勤奮學習，被某家管理顧問公司留意到，認為他是個不錯的人才，但陳雷不久後就結束輪調回門市。而重回南部的陳雷，本來有機會被調派去新展店的門市擔任店長，他也已被告知，因店長考試表現優異確定被錄取了。

沒想到總公司卻推翻評委決定，認為陳雷業績數字不夠亮眼，不適任店長，而直接改派其他人擔任。這件事情，雖然沒有帶給陳雷太大打擊，但也讓陳雷對於公司體制有了更多元的思維——在職場上決定自己生死的往往是跟你毫無關係的人。後來台北那家管理顧問公司邀請他北上任職，陳雷也決定離開。

然而命運的劇情不是要他到那家公司任職，事實上，那個轉折只是為了讓陳雷離開舒適圈。在台北工作數月後就因身體因素，必須辭掉工作回到南部修養，也因此陳雷為了生計，被迫投入不同的活路。

他曾在保險公司服務兩年，陳雷笑稱，他去哪家公司，哪家公司就會被併購。當初他進電信業時，本來報到的公司是泛亞電信，但沒多久就被併入台灣大哥大。後來保險事業，他加入的是保誠人壽，但就在他報聘當天，報紙斗大的標題寫著：保誠人壽以一元賣給了中國人壽，所以陳雷再次地被迫更換公司。

這也告訴年輕人一件事：企業少有永恆的，每個人不該將自己的人生賭在一家企業上，唯有發展出自己無可取代的實力，才是職場必勝王道。

總之兩年保險的經歷，讓陳雷又增加了業務經驗，至於工作本身，他算是高不成低不就的，當上主任有足夠維持生計的收入，但這工作不是他的志趣。就在那時候台灣大哥大有個講師職缺，詢問陳雷有沒有意願回鍋經驗傳承。於是陳雷又再次回到電信業，回到老東家。只

是這回角色變成培訓講師,這對陳雷而言是個重要里程碑,他多年來的學習,如今讓他終於圓夢正式擔任講師了。

自此,人生進入一個新階段。

學習的歷程,必有深意

人生很多的事,可能你現階段不喜歡,但上天讓你有這段經歷,必有深意。

陳雷回去台灣大哥大擔任講師,其實收入還比以前少,因為講師並非內部正職而是派遣人員,除了每個月薪水以外並沒有其他福利。在這裡,對陳雷的意義來說,就是累積講師的經歷。

過往以來透過不斷學習,已經為陳雷的實力加分不少。但陳雷知道,這社會是現實的,單單不斷學習充實腦袋,還是不夠,社會看重的是白紙黑字的「資歷證據」,而自己卻只有二專學歷。當時陳雷重回電信業,時間是 2012 年,已經年過三十的他做了一個決定,他以大學同等資歷去報考研究所,並順利考上南台科技大學人力資源管理所。而在取得碩士的過程,陳雷並沒有明確想著要靠這學歷可以做什麼事,他只是證諸過往經驗,知曉任何的學習加持,都可以讓自己價值提升。而為了節省學費,當年月薪仍只有三萬初的他,選擇加速學習,把兩、

三年的學分，用一年半就修完，他甚至還找出空檔，去財法所修了勞基法實務學分，之後順利畢業。

至此，陳雷的人生資歷，已經是個具備業務能力、門市經營、教育訓練等經驗的人才了，就從這階段開始，陳雷的人生即將開始要發光發熱，他要從一個平凡上班族，朝更高的挑戰及人生視野邁進。

也是在這之後，陳雷變成一位同時具備上班族工作屬性，和專業SOHO 工作屬性的人。說上班族屬性，直到 2019 年，他都仍是國立大學編制內的職員，擔任育成中心執行長。但他本身又身兼多種才能，因此陳雷是個不折不扣的斜槓青年，這樣多工的能力，讓他能夠承接很多類型的工作。

從 2012 年到 2019 年，以正職來說，陳雷換過幾個不同的單位。而以本職學能來說，以培訓人資為核心，這些年陳雷不斷的精進。在這階段還有一件值得提的事，原本在三十歲前都是陳雷去找工作，但過了三十歲後，**幾乎所有的工作機會，都是人家來找他，這差異就是人脈累積，不會因為換工作而消失。**

後來他到了一家台南的管理顧問公司就職，在那之前他從未聽過TTQS 這個名詞，甚至還被挖苦是不是不專業，不然怎麼會不懂，但終究，陳雷靠著過往經歷及誠意獲得聘用，沒想到未來幾年後，這件事會變成他不可取代的核心專業。

那家公司的業務性質，就是配合勞動部的各項專案，到企業推廣

政府補助計畫，因此也讓陳雷接觸到何謂是 TTQS 及各項計畫。這份業務的工作，其實就是跑企業推銷公司的業務目標，但重點是，這過程讓他接觸到許多的單位，拓展了產官學人脈，也讓他後來被挖角到另一個重要單位——中山大學。這是陳雷人生中首次到學術單位就職。但這份工作因為跟主管相處不來，短短兩個多月時間就告一段落，剛好這段期間他聽聞 TTQS 專業人員考試即將舉辦，於是就去報名參加。

這又是陳雷人生另一個重大里程碑，透過兩、三個月的各項測驗，他通過考試，取得了官方認定的資格。

取得第一個官方的專業頭銜

日後想起，陳雷覺得一切都很神奇。他那時剛離開中山大學，就有前輩告知即將要考試，想都沒想就去報名。直到最後錄取了，他才知道這個考試難度超高，錄取率竟然只有 5％，並且競爭者幾乎都是教授、學者、產業界的高階經理等等。如果早知道競爭如此激烈，陳雷可能根本不會去參加。但就是因為當初天真什麼都不知道就去報名，反倒過關斬將通過考試。而陳雷考上也並非僥倖，回頭想想，一切都是過往的累積。

當初為了準備研究所的論文，他比別人更用心地做了報告，及累積學習歷程佐證資料，這些資料剛巧在 TTQS 考試初審時派上用場。而包括研究所念的管理學、組織行為學等……以及各階段工作時的各種實務經驗，都推了他一把。

TTQS 輔導顧問考試，共需經過五個關卡，八百多人報名參加。第一關初審合格者剩兩百多人，之後經過第一次筆試，進階培訓密集課程，接著第二次筆試，最後還有實習。最終能夠取得資格者，竟然只有三十八人。這三十八人又分為評核委員十九人，以及輔導顧問十九人。

一般人傾向選擇擔任評核委員，因為只要去幫單位評分就好，工作輕鬆且權威較大；相對的輔導顧問，必須去服務廠商，而最終若成績不理想，連帶也會成為被廠商質疑的對象。但同樣地，對陳雷來說，他喜歡跟著廠商一同學習成長，而顧問能帶給雙方最大的益處。事實證明，他再次做了正確的抉擇。他擔任高屏區的 TTQS 輔導顧問，這讓他有個官方身分，可以認識很多的企業，也讓他一步步累積豐富的經驗及人脈。

以收入而言，由於每年需要輔導的案源有限，光靠勞動部的派案收入並無法養活自己。但對陳雷來說，重點真的在於「資格」，不在於金錢。能夠有個官方頭銜，對許多事情來說都有很大的助益，像是

每年安排的對外演講的機會，這對提升能見度非常有幫助。

　　總體來說，藉由多年的學習及資歷累積，陳雷取得了難得的輔導顧問資格，將來不論要接案，要上班擔任專業職位，或者要自行創業，都已經有比一般人更有利的條件。

　　如今，站在現在的角度回顧從前，陳雷如何一路走來，從當初那個門市賣書賣手機的店員，變成如今專業講師及輔導顧問。我們非常清楚地可以看到：**學習，並且是很用心的學習，才是改變他人生的關鍵。**

學習，建立核心價值

　　如果你站在陳雷的角色，已經取得國家級資格，並且後來也獲邀到大學任職，有著各式各樣專案輔導接案的機會，接著會怎麼做呢？是安於這樣模式，把焦點放在如何賺大錢？還是繼續嘗試拓展？

　　對陳雷來說，他看重的依然是同一件事：**他要如何可以得到更多的學習，並且在學習的基礎，讓自己擁有更多的價值。**

　　由於長期以來，為企業廠商服務，並且到大學機構演講，乃至後來有機會，陳雷到南部知名的學府任職，擔任育成中心的執行長。這其實是陳雷第二張實用的頭銜。本來已有一個勞動部核發的輔導顧問，

現在則有學術機構的主管名片。

但在育成中心工作，陳雷面對很大的挑戰，如同陳雷自己形容的，他覺得「我們的發展仍有非常大的空間」。也就是說，以陳雷本人來看，他必須要積極去拓展各種合作專案，因為他的收入是來自中心的利潤，甚至可以說，若中心沒賺到錢，員工就沒薪水可以領。所以必須想方設法，為育成中心找到承接的專案，開發財源。

後來，育成中心除了廣泛做到各類輔導外，還舉辦系列課程，乃至於這些收入占育成中心一定的比例。這剛好和一般育成中心相反。陳雷發現，許多大專院校附屬的育成中心，都仰賴承接政府專案，他認為這樣是不健康的，太過依賴單一財源，一旦政府將來專案沒那麼多，那中心豈不是會經營困難？因此，陳雷的團隊是將重心投入在民間企業，就如同陳雷常說：「能跟企業拿錢才是真本事！」

陳雷長久以來一直都抓住的核心，就是**積極創造被利用的價值。**以陳雷本身來說，他的價值就是多年累積，並且仍持續精進中的各項專長技能，得以提供給企業使用。同樣地，以育成中心來說，他也要讓育成中心變成一個，對學校對企業都具有高附加價值的中心。

而陳雷表示，對每個讀者來說，道理也都是一致的。

每個人的價值，就取決於核心「有多少料」。如果是個年輕人，他誠摯的建議，趁年輕，先不要去計較眼前的收入多少，而應該將焦點擺在如何讓自己可以學習到更多。

經營社群，拓展事業

雖然取得輔導顧問資格，但陳雷很清楚，這不代表客源會不斷主動湧向你，生意還是必須靠開發。他有一項經營至今五六年的「事業」，這事業每天佔據他一定的時間，卻沒有任何報酬，但他甘之如飴。

這個事業，就是網路社群的經營。如今，他已是至少六個人資領域社群的版主，同時還積極參與各項社群的運作。最早的時候，大約2014年，彼時陳雷因為就讀人資研究所，想要認識更多的人資界朋友，當時就建立了一個簡單的社群，起初只是簡單的聊天聚會，甚至連名字都取為「南臺灣人資聊聊天」。

這是個內容輕鬆，且定位清楚，只屬於 HR 人資的園地。開始只有六、七個人，後來則拓展到三四百人。成員包含業界講師，企業人資主管，以及中高階主管等……而從過去到現在，陳雷從不會刻意為這個平台打廣告，如在群組上留言「歡迎邀我上課或輔導」等等，相反的，他根本都不用本名或單位介紹，也不直接介紹自己，純粹只是管理好版面，常態認真地每天為社員做服務。

所謂的經營就是把應該做好的事情重複做。做好五六次很簡單，做好五六年卻不簡單。當群組內夥伴有問題，例如如何管理員工，如

何面對新的勞基法等等。第一時間，陳雷會開放讓其他成員共同討論，但他會適時地提出他的觀點，甚至若沒人會回答，他自己若也不懂，則會去找資料，再把他的見解放在版上讓問者參考。每天，他除了處理社員的發問外，也會定期的做各種專業分享。

久而久之，他不推銷自己的工作，但人們自然碰到各種問題都會想起陳雷。因此可以說，他這個社群其實就是人脈圈。他後來經營了六個社群，加起來不下千人，每個人背後都是一個單位、一個企業體，透過社群延伸出來的各種需求，產生出很多的機會可以接觸。

★ 陳雷：撿人家不要的事情做，就會有機會

當初第一個開闢的是南台灣人資聊聊天，後來中部人資朋友也要求比照辦理。另有一次，有個朋友參加的以「外勞仲介」為主題的社群，也因為不擅管理而交由陳雷重整。再之後是餐飲業 HR 社群，陳雷接手原本版主無力經營的狀況，並把人數從十多人擴大到將近一百人，之後也包含原本南部最大的人資群組，因為入群較無限制缺乏管理，常常偏離群組成立宗旨難以維持，後來也是委由陳雷承接，陳雷的做法是乾脆打掉重練，他讓大家退群，重新申請審核，進入新群。起初因為嚴格管控，所以五百人的原社群，被縮減只剩約兩百多人，但經過陳雷認真經營後，目前已經回到當初的人數，但成員都是經過審核通過的，自此重新回到軌道。社群除了辦聚會也辦團購，有過一次訂書超過一百八十本的紀錄，也有過活動報名超過一百九十個人的

場面，這些都是當初沒有想到的狀況。

最後，回到本章一開頭的問題。所謂「滾石不生苔」，對現代年輕人來說，是對還是不對？陳雷給予的答案是，**事情的對錯沒有一定，單看你最初的目的為何。**

如果一個人的志向，是比較偏向專精一個領域，例如擔任經營管理者，擔任某種技能的頂尖專業，那麼你需要長時間錘鍊那門專業，這樣的人就適合祖宗古老的訓誡，真的「滾石不生苔」，工作不要換來換去，最好能選對一個環境後，持續精進，累積能量。

但相對來說，如果你的志向比較喜愛挑戰新任務，典型的例子，就是業務開發，闖蕩市場創立事業的類型。對於這類型的人來說，人生經歷非常重要，好比說，當你去一個地方面試，結果主管看到你的履歷，從以前到現在都只做過某某產業，那他就會對你的能力質疑。你只做過這個產業，可以勝任我們交付的任務嗎？可是如果你曾經歷過不同產業，餐飲業做過、製造業做過、科技業也有經驗，那對方就會比較信任你有更廣的見識與格局。

然而讀者還是會關心一個衝突：所以要經常換工作嗎？那樣不是讓企業界感到不忠誠嗎？的確，所謂「滾石不生苔」，就算對業務工作者也有一定道理，你可以換工作，但建議至少做個一兩年以上再換，否則如走馬燈般的職場轉換，並沒有足夠時間累積資歷。以年輕人來說，假定從二十歲到三十歲出頭間，曾經歷過兩三個產業，並且每個

產業有一定的職位歷練（例如從生產部到業務部等等），那就會比較適合，那樣既不算三天兩頭就換工作，也不是從頭到尾只待同一個產業，是比較符合學習以及資歷累積的。

總體來說，工作是為了創建自己美好的人生。斜槓對工作者來說可能不只是所得的增加，甚至會帶給原本工作新的火花，但所謂斜槓，不是你一年做了一百種工作，而是經年累月下，你有了至少幾個「你可以對外聲稱你是專家」的職能及經歷。如此才能持續累積能量，持續創造新價值。

每個進階都來自
用心鋪好的道路

麥克維茲財商教育學苑創辦人，國際認證兒童財商教育師 **楊瓔妃** 👤

是否年輕人總擔心畢業後不知道該怎麼生存？

是否職場人總疑惑，為何有的人就是比較會鴻圖大展？其他人則庸庸碌碌？

到底努力工作跟賺大錢是否真的有絕對正比的關係？

我要學習有興趣的事，還是會讓我賺錢的事？

🖉 **斜槓特色**：不同領域的專長，彙整成職涯成長的力量。

🖉 **斜槓領域**：從商務結合興趣，最終將主力設定為財商培訓。

中台灣的陽光，溫暖照耀著一方雅致的陽台，若不知道的，還以為這是哪家餐廳的戶外雅座，其實這是位在社區樓上的多功能教室。而這裡的優雅一路從室內延伸到戶外，設計人也是這裡的主人，是個具備多重身分的美麗女子。

　　她是財務管理師，也是頂尖的兒童財務智商教育師，在台灣取得該項國際證照者不超過二十人。她不僅創立了教育學苑，還是花藝設計師，擁有自己的花藝工作室，同時她也是個活動主持人、是舞蹈教練、是大學講師、是房地產達人。她透過財務專業，幫助一些企業打好穩健財務體質，她也廣泛投入公益，立志要幫助孩子們，從小建立正確財商觀念，未來能擁有幸福的人生。

　　她的事業服務對象從兒童到銀髮族，她的行程從每天一大早看電視關心國際局勢、做出投資分析開始，接著一天內要奔波在不同場合，演講教學及幫助人。而她所經營的學苑，更是中台灣首個從兒童教到成人的財商教育基地。即便如此辛勞，每次面對她，總是看見她悠閒從容。就像此刻她坐在陽台的雅座，一杯花茶，娓娓述說她的教育夢想和事業藍圖。

　　一個人如何讓自己成為具備多樣專業，能夠擁有最大助人能量的人呢？

　　以下是楊瑷妃老師的故事。

在沒有充足資訊情況下，從零開始

關於生涯規劃，從以前到現在乃至於未來，都是青年學子最關心的事。大部分年輕人，在高中時期就必須開始思考將來的出路，講的實際些，就是「出社會後如何養活自己」，想更遠的，就是如何「過著幸福快樂的日子」了。

但人生到底應該是先寫劇本，然後一步一步的照著規劃走？還是隨遇而安，兵來將擋，水來土掩呢？如果劇本寫了，結果後面哪一步不如預期，會不會整個亂了套？所謂「計畫趕不上變化」採取周密規劃者，人生會不會太死板？但若不做好規劃，人生能順順利利的嗎？事實上，我們看到大部分的人生都只能做到平凡，可是不論財富及事業都難以稱為是成功。所以人生還是得要規劃，只是到底該怎麼做才好呢？

如今的璦妃老師，走過她的成長歷程，已經可以提供給人們一個適切的建議。首先，她以自己的經驗為例，先來分享她如何不斷超越自己，打造事業新境界。

說起來，不知道算幸運還是不幸？璦妃成長的年代，是台灣經濟大幅成長的年代，雖說欣欣向榮的環境下處處充滿機會，但同時這樣的社會也處處充滿未知。而對於莘莘學子來說，最大的困惑，就是如

何對自己的人生做出選擇？

現在的年輕人應該很難想像，如果哪一天這世界忽然沒有了網路，不再能靠滑手機輕鬆地 Google 資訊，那可能連等一下該去哪都不知道，更何況是生涯？但在 90 年代以前成長的青年卻都是如此，沒有網路更沒有手機，處在社會轉型階段，許多行業根本也還沒誕生。然而璦妃回憶起來，如果當年她可以隨時上網查公司資料，再來選擇要去哪一家公司上班，也許後來人生發展會和現在完全不同。事後回顧，當時因資訊不足必須鼓起勇氣摸索闖蕩，反倒更能得到磨練的機會，也讓她日後確實體認，**也許我們無法充分掌控自己會從事什麼工作，但我們確實可以掌握的，就是如何把當下被委任的工作做到最好。**

璦妃要強調的，當從事一份工作，不要將焦點放在每月可以領多少錢？公司福利如何？老闆好不好相處？更不要把思路轉到「如何摸魚」，甚至聊天八卦。當一個人把心思轉到這些方向，那人生的發展可能就受到侷限了。

回想起自己的工作經驗，過程中有艱困的任務，有不合理的工作要求，其中某些環境條件對一個女孩子來說，是非常大的挑戰。但當時的璦妃，根本也沒去想什麼生涯規劃這類的大議題，只是站在負責的角度，堅定立場，要把自己的角色扮演好。

但十幾二十年走下來，有一天她才恍然大悟發現，似乎一切都是上天安排好的，**她做的每件事，都等於在為未來鋪路，如果當時沒有**

認真對待，就不會進展到更好的下一階段。

她相信自己不是特例，她認為每個人的生涯都是如此的。一個「做一行怨一行」的人，雖然看似經歷很多，但若沒有為自己累積實力，沒有做到「為未來鋪路」對自己未來的發展就不見得有幫助了。**結局，早就寫在過程裡，只有在過程用心投入的人，才值得進階到更好的未來。**

站在前面的基礎，得到好的新位階

來說說璦妃的工作歷程吧！專科選擇科系時，由於個性較活潑，璦妃接受了母親的建議，選擇了國貿科就讀。雖然家境並不富裕，但璦妃的個性倒是很陽光，在尚未畢業前，就已經積極為生計打拼。學生時代的她先在超市打工，後來有很長一段時間是在花店工讀並學習花藝，因此年紀輕輕就取得了高級花藝設計師的證照，並靠著與人為善的開朗個性，結交眾多朋友，而這些朋友到今天都還保持聯絡。當時她以為這只是一個打工歷程，殊不知道這件事會和她未來生涯有關。

畢業後，璦妃進入一家台灣大型的造紙集團任職。起初只是擔任集團台中子公司的基層員工，後來因為本身的學歷背景，加上總公司剛好有新的職缺，於是從台中調任到台北，從事學以致用本科的貿易

工作，不久後被派駐至海外拓展業務。璦妃算是在兩岸交流很初始的階段，就已經前進大陸的「台商」之一，當時像她這樣才二十初頭的女生，就孤身去海外跑業務，也較為罕見。她在大學演講中說起當時的很多情況，現在的年輕學子聽了會感到不可思議，例如她一個女生要從廣州跑到周邊城市拜訪客戶，路程中幾乎沒地方可以上廁所，一直要忍到客戶的辦公室才終於可以如廁。而那個時期的「台灣幹部」是很被看重的，她當時出入有專屬司機，宿舍有阿姨管家打理生活瑣事。而在那之後，璦妃又被調派去越南，在當時那裡更是經濟落後，璦妃描述：「很多時候，要到客戶工廠都還要開很長一段的石子路。」

不過越南的經歷，帶給璦妃的是水土不服的病痛，她因病回國，短時間無法回復健康，最後不得不離職休養。但下一個職缺已經在等著她。原來，當年第一家進駐本土的 DIY 國際大賣場將來到台灣，那是個響噹噹的跨國集團，應徵者眾，璦妃的學歷並沒有特別亮麗，但她最後獲得青睞的關鍵，正是她的兩項資歷：花店打工以及海外獨當一面拓展市場的工作經驗。這兩者打動高階主管的心。正巧大賣場的園藝商品採購需要既懂花藝又懂貿易的人，就這樣，璦妃順利踏著過往經歷鋪下的基石，迎向新工作。當她進入這家外資企業時，薪資已經高過同年齡上班族水平許多。

有時候接洽完業務，已經華燈初上時，她放鬆心情準備下班，看著樣品室各式各樣的園藝商品，心中浮起一種人生真是不可思議的想法。原來當年專科打工，單純的認為邊接觸花草芬芳邊賺學費，是非

常有樂趣的。但這份工作認真做起來，竟然也影響到她畢業後的生涯。日後她有機會常在大學演講，都會跟台下的學子們分享——**不要小看現在任何一件事，未來都可能對你的人生有很大的影響。**

其實世界上無法真的區分哪個學問重要、哪個不重要。記得《論語》有云：「雖小道，必有可觀者焉，」好比說在更早年代的日本，有許多所謂的職人。職人一生只專注做好一件事，精益求精。有人是製作毛筆的專家；有人一輩子執著於種植某一種農產品，並不斷的進行改良。他們在意的不是工作是否光鮮亮麗，而在於是否讓自己對這個工作認真，沒有浪費所有的付出。

然而，《論語》接續這句話又說：「致遠恐泥，是以君子不為也。」時代不同了，可能對君子的定義也不一樣，但以現代的觀點，如同現在流行的術語「斜槓青年」，處在大數據時代，人們應該讓自己成為「多工多能者」，而不要讓自己只會一兩樣「小道」。

但基本的道理仍是一樣的，**我們做任何事，既然選擇了，就盡情的投入，把手上的事做到最完美。**於是站在從前花藝工作以及國外業務開發的基礎上，璦妃進入國際大賣場集團。而這件事又繼續為日後的新職涯繼續鋪路。

人生就這樣伸展開來。

再一次的進階轉型

　　在和青年談話時，時常有學生問璦妃老師，我應該做些什麼，將來才比較容易找到好工作？璦妃會笑笑回答，只要你感興趣的，趁年輕你都該去嘗試，並且每件事都認真投入。不要刻意為了將來可以找到工作，而去投入一些自己明明不感興趣的事，那樣不只現在痛苦，將來一輩子也不見得會快樂。

　　璦妃舉例，自己一直對舞蹈很有興趣，同時也想讓自己**擁有更好的體態**，於是花了六年時間，在下班後及假日的時間去學舞蹈。她沒有抱著功利主義態度，純粹就是愛跳舞，但因為非常投入，乃至於她也真的抓住了舞者的訣竅，現在的她，也是合格的舞蹈教練。

★ 即使不為利益而認真的投入一件事，到後來卻可能帶來意料之外的收穫。

★ 利益會自己跑來找你。

　　北上工作了十年，因為想要陪伴母親，於是璦妃離開令人稱羨的外商公司，回到了台中。大部分人會想，以整個職場薪資行情來看，台北是全台灣最高的，且外商公司給的薪資和福利又更好，選擇回到台中，那肯定薪資就如同高峰跌到谷底，這是走倒退步了吧！

　　然而再次的，**過往累積的基礎鋪成未來的路**，現在的璦妃，擁有

的「基礎」更多了。「本土企業派駐海外」及「外商企業進駐台灣」，這兩種極端的職涯瑷妃都經歷過了，並且擁有豐富的業務＋採購＋賣場＋工廠經驗。很快的，她這樣的人才就被看重，大約回台中一年後她就已經是某家企業的高階主管，她的薪資不僅沒跌，此刻的她，領的是以上班族來說，很高的收入。

然而不論是在哪個產業服務，瑷妃永遠提醒自己要做到的，第一是如何把這份工作做到最好，第二是如何讓自己可以學到更多。基於這樣的心態，她從不怕老闆交付給她太難的工作，她負責的包含海外參展採購，也包括以特助的身分，參與老闆的一些不動產買賣事業，這是個全新的領域，也就是在這時候，她開始接觸到高階投資。為了讓自己更了解不動產交易的專業知識，她還利用假日去大學進修地政士學分班。雖然志向不在成為代書，但她已經擁有代書的相關知識與能力。

這裡還要特別介紹，瑷妃因為投入不動產買賣的學習，後來也有了實戰成績，乃至於當年今周刊還曾專題採訪她，透過她的分享，讓閱眾們知道，原來一位單親媽媽，也可以靠正確的投資理財，大幅改善人生。瑷妃自承當初對那次的採訪意願並不高，因為自認只是個普通人，自己也沒有什麼過人的成就，但因為編輯大力強調，這樣的採訪可以鼓舞其他單親媽媽或弱勢家庭也能自立自強，她才同意受訪。

到此，讀者已經可以看出，瑷妃老師擁有的斜槓項目又多出好多

個，可以列出的專長（專業而非業餘玩票的專長）包括貿易／採購／花藝／舞蹈／零售經銷／土地代書……而到目前為止，後來成為她第一主力強項的那個專長都還沒列入呢！

各位讀者，可以試著先放下書本，計算一下自己職場之路這幾年走來，你可以真正列出的斜槓有什麼？可不要說，你待過哪家公司就叫做專業喔！要真的人們看到你、認可你，覺得針對該項目願意向你請教，那才是專業。

你們可以列出的有幾項呢？如果項目不多，是因為自己做每件事不夠認真，還是自己的生活圈子太窄？這也是璦妃老師要請大家可以自己思考的問題。

總之，璦妃回台中加入新事業後，進展到另一個人生高峰。在事業上，她擔任高階主管，但影響她一生更重要的一件事，是她發現財商這件事的重要。這個發現，讓後來璦妃投入許多精神在金融投資及財商領域，最終也讓她在這領域創立事業。

人生的「有用」哲學

提到人生要錢滾錢才能真正帶來財富，相信這個道理大部分人都懂，但為何大部分人仍不是富人呢？因為「學到」跟真正能「做到」

是兩回事。

　　一直以來，瑷妃做事秉持「只要我負責的，就要做到最好。」的態度，也延伸到投資理財領域。好比說，不動產投資雖非瑷妃的職業主力，但她本身在找房子也非常用心，透過上課所學，實際應用，兩年間看了超過上百間房子，後來她也透過房屋買賣，有很高的投資報酬率，至今名下也有幾間不動產。

　　但影響瑷妃最大、讓她下定決心要讓自己成為專業理財達人的，正是那件改變千千萬萬人的事件：2008 年的金融風暴。從年輕時候，瑷妃就有做簡單的投資，後來工作薪資也算不錯，因此她將累積的存款依照理財專員的建議，買了海外基金，然而在 2008 年受到了重大打擊，她的投資幾乎腰斬。

　　當碰到危機時，瑷妃的習慣不是呼天搶地，而是想要具體解決問題。當年是理專建議她買的，那麼出事了，她也要找理專，不是去興師問罪，而是想請教後續該怎麼處理才好？結果她驚訝的發現，金融風暴後，這家銀行的理專竟然有超過三分之二的人離職了，這讓瑷妃一方面有些生氣，另一方面卻觸發她思考著：

　　為什麼我們要把自己辛苦累積的財富，全部委託給別人呢？為什麼對於攸關自己一生的理財大事，我們不能自己做主？

　　於是依照瑷妃的個性，既然想到了，就不會放任不管，她即知即行，當下就開始積極尋找各種增進財商的管道。先從大家最常接觸的

股票開始學起，學著學著就發現，台灣的股市是淺碟市場，受外資影響很大，只了解台灣股市投資還是不夠，她決心探尋最源頭的知識。

但源頭是什麼呢？一個機緣，她藉由同學的介紹，接觸到一個專業的國際金融教育平台，其課程主要教的是國際金融的邏輯與關聯性，也就是總體經濟。的確，如果真的要讓自己成為投資達人，就必須從全球的經濟脈絡著手。這樣的課程當時只有台北開課，於是儘管工作忙碌，璦妃仍不間斷地，每週六一早五點起床，搭六點的統聯客運，直奔台北上九點鐘的課，深夜才回到台中。連續三個月上完初階課程後，接著是進階實務，每兩週上課的主題皆是國內外金融及經濟情勢分析，進而了解各項投資的趨勢。就這樣，璦妃持續了多年的進修，目前也參與了該教育平台的講師培訓。

這樣的學習，對璦妃的最大影響，就是她再也不會為表面的投資熱潮所迷惑。她知道凡事的發生背後皆有原因，即便只是遠在千里外某國元首講的一句話，都會牽動到台灣的投資市場趨勢。

現在的璦妃，依然會去找理專做投資，只不過從前的她，是去問理專該買什麼？但現在的她，是和理專討論她的投資規劃，請理專針對她的投資項目下單。至目前為止，璦妃所做的投資 80% 以上都是獲利出場。因此這裡要分享一個很重要的觀念：

★ 常常有人問，我上這個課到底有沒有用？我要說，你「有用」就有用，「沒用」就沒用。

說到底，我們學習任何知識或技能對自己是否有幫助的關鍵，就在於有沒有「用」。不僅是理財，包含職涯也是這樣。很多人問，為何老闆只升她的官不升我的官？為何我工作那麼多年還是基層員工？為何我在職場總是高不成低不就？為何我業務就是做不出成績？所有的「為何」後面都牽涉到有沒有認真，有沒有用心。**有用心的人，人生就會累積東西，你讓自己這個人學以致用，變得「有用」，人生就會晉升到新階段。**

人人都該建立正確的財商觀念

　　花了這些年投入金融理財學習領域，璦妃深切體認到，自己過去的投資，真的不叫投資，而像是賭博。竟然有那麼長的一段時間，她將自己努力存下的錢，投注在自己並不了解的標的上。而她也才知道，**一個人要讓自己成為「懂」的人。你不夠懂，就可能把自己命運交給別人。**若你不懂投資，那麼股市會如何漲跌只是運氣問題，你不會知道背後的莊家其實是外資，是大財團，是政府。

　　有人會說，我們永遠比不過莊家啊！但其實**我們學習的不是和莊家對立，相反的，我們學習的，是讓我們因此了解莊家在想什麼。跟著莊家走，才有贏的機會。**

透過投資，以及自己多樣的職能專業，璦妃後來決定，將生涯投入到自行創業以及教育輔導。她一方面在台中建立自己的培訓機構，教育的主題正是「財商」，另一方面她也以講師的身分，參與政府及校園學術機構的各種分享。

這些年的職場經歷，她看過太多的浮浮沉沉，許多的人，辛苦半輩子存下的錢，因為不擅投資，可能一夕之間讓自己喪失老本。而不論年輕人、中壯年人、老年人，璦妃看到普遍的情況是——大部分人都缺少財商的觀念。她常想問，如果人們都知道要努力工作、努力學習，才有可能取得好的學歷好的就業條件，那為什麼明明「理財」這麼一件關係一生幸福的大事，人們不願意認真好好地去學？不只是去學最末端的技術操作，也應該從基本財商觀念開始學起。

因為看到太多的社會現象，諸如月光族、諸如因財務失衡導致婚姻失和，以及因個人或家庭經濟問題帶來的治安亂象。璦妃認為，如果可以，財商教育應該要從源頭就建立起來。因此她決定把她的財商教育事業，先聚焦在兒童理財教育，同時也歡迎成人們一起來了解正確的財商觀念。

璦妃觀察過，大多數的人在踏入職場後，有著既定的模式，就是辛苦存一筆錢，然後應用很有限的資金做選擇不多的投資，但效果有限。也因此在台灣當老人年金的問題被觸動，像攪亂一池春水般，引起多方討論，因為大家都害怕年老退休後生活難以維持。

但年老為何一定要如此的無助？為何不能好好安排自己的人生，而必須依賴政府的政策救助呢？瑷妃看到，很多人在做投資，但同樣地，也很多人都在投資中跌倒，更甚者，有些跌倒的人，日後可能又會犯同樣的錯，再次跌倒。因為基本觀念不通，所有的投資都只是變相的賭博。

瑷妃鼓勵，若能從幼童時期就先懂財商，至少先懂得「價格」不等於「價值」，讓小朋友不僅認識賺錢、認識存錢，也要認識如何花錢。瑷妃發現，華人從小接受的理財觀念是要克勤克儉，努力存錢，卻很少被教導要如何「花錢」；**而懂得花錢，也是理財成功的關鍵之一**。她的理想是，國小國中生尚不懂如何投資，但要先建立正確觀念，到了高中，已經累積一定財商知識，就可以開始嘗試去接觸簡單的金融商品，到了大學可以靠著打工收入或零用錢，真正去做小額投資的練習，越年輕的時候犯錯，越可以換得實用一生的理財經驗。

這些年瑷妃對「建立財商」觀念的推廣，也日漸受到肯定，成績開花結果。例如 2019 年 5 月她就以「兒童財商教育」為主題，參加商管聯盟的創新提案競賽，獲得了「社會創新獎」。之後更接受包含台中教育電台以及漢聲電台的專訪，讓財商教育的重要性更被看見。

另一方面，在 2018 年，瑷妃在台中市成立了中台灣第一所財商教育培訓機構，這也是她現在的主力事業。透過瑷妃積極的到處演講，以及和各大理財金融機構包含富達投信、富蘭克林基金、合作金庫、

三商美邦等單位合作，這所培訓機構以宣導正確觀念為職志。甚至璦妃也立志要與社會服務團體合作，到偏鄉去散播種子，讓偏鄉的孩子有機會接受財商教育的啟蒙，擺脫「貧窮世襲」的負面循環。

不喊什麼空泛的夢想、圓夢等口號，璦妃覺得，她要做的就是讓孩子從小開始，真正學習到可以「受用一生」的理財能力。

以斜槓的標準來看，璦妃不折不扣是個斜槓代表。**重點不在於她擁有多重身分，而是在於她將每個身分都做到專精，並且這些專業都可以彼此加分，最後形成一個綜效。**在事業推廣上，不同專長職域可以彼此支援；在學習教授上，不同專業的觀念也可以互相映照，讓知識不會過於狹隘，可以有更大的廣度。

璦妃表示，現在的一切，絕不是她初踏入職場時所能想像得到的，人生很多事都自然而然發生，不管工作興趣或遇到的人，都可能成為轉折點或貴人。年輕人與其拼命計算，念哪個科系將來進哪家公司，才可以賺大錢，不如建立自己的正確心態：**不斷透過多元化的學習來強化自己，提升視野，當自己變強了，那麼做什麼工作，都一定會有好成績的。**

成功的關鍵，不在於選擇怎樣的職涯，而在於選擇自己應該怎樣的呈現。你的優秀，將讓你的命運主宰於自己，自己命運就由自己來寫。

總論：
為自己打造美好的斜槓人生

凱雅郡企業創辦人，布克文化出版經紀人 **車姵穎**

感恩各位老師的專業分享，也感恩各位讀者，一起參與這段自我提升的美好心靈旅程。

相信不論你現在處在人生的什麼階段，也許你是個正對未來感到茫然的年輕人，也許你已工作很長時日，但對前景還是有很多不確定。本書前面介紹的這九位老師，他們分處不同的產業別、不同的年齡世代，也遭遇過不同的人生挑戰，他們的經驗傳承和生涯建議，希望可以給予你一定的啟發，或藉由他們的故事讓你有另一種對未來嶄新的思維。

但我知道還是有朋友會問：

· 那麼我現在該做些什麼？ 怎樣改變我的生涯？

· 具體來說，我該怎樣讓自己斜槓起來？

· 長遠來看，斜槓人生是否就代表幸福人生？

以下作為本書的總結，整合每位老師的智慧，我用我的故事作為見證，一起來聊聊我們到底該如何斜槓。

核心職能該如何轉換？

我本身過往很長一段的人生，是在金融業服務，到今天也仍然是這產業的專業顧問。而從 2016 年開始，逐步將重心轉移到培訓及管理諮詢領域，並在那年創立了凱雅郡（Create Dream），最初主要的任務是協助不同領域的講師們，幫他們規劃及尋覓適合的發表舞台，後來更進階到出版經紀以及專業培訓領域，在南臺灣也做出一定的好評，影響力更拓及全台灣並往海外發展。

以我自己為例，我們來聊聊一個人該如何斜槓？在那之前，我要先談談「核心職能」。

什麼是你的核心職能？有三件你必須知道的事：

1. **核心職能不等同於你的興趣喜好**

2. **核心職能不是一出生就擁有，也不是人人都可以在年輕時代就找到**

3. **核心職能可以升級、調整也可以變形**

我本身的核心職能，以專業屬性來說是會計／金融，我過往在金

融業擁有客戶諸多正面評價與肯定。而以興趣及能力來說，則具備「與人接觸的敏銳度」，也就是說我喜歡與人接觸，一方面可以聽到不同職涯背景的心聲，一方面透過這樣的交流也讓我能幫助很多人。

在助人的過程中，我得到很多樂趣。而這個樂趣，不論當我在金融業服務，或是在培訓界發展，都是共通的。這種「對人的敏銳度，以及樂於與人交流」正是賴以作為斜槓青年的那個「核心」。以職涯來看，我的工作屬性似乎有了重大的轉換，但以核心職能來說，我還是那個喜歡與人接觸的我。

說起我的轉換，要提到一個重要的朋友——趙祺翔老師，他同時也是暢銷書作家、插畫家和勵志作家趙大鼻。我和趙老師，過往曾經是同事，當年接受金融業經理人培訓時，我和他是同梯的儲備經理。當時就感覺到趙老師是個富有熱情，一個正面能量的發電機。

之後幾年因為各自職涯的發展，我們有段時間沒有聯繫。我本身因為從小就以助人作為自我期許，因此在我服務於金融業的同時，也在校園兼任諮商輔導老師，負責個案輔導一些學生。

在每個學校，通常都會有輔導室，但人員編制有限，可能他們還要同時照顧特殊教育學生以及一般需要高度關懷的少年，力有未逮，而像我這樣經過專業訓練並擁有諮商師資格的人，在輔導領域，特別是前置諮商部分就扮演重要的角色。

然而幾年下來，我發現這樣的校園輔導，可以幫助的學生非常有

限，因此心中就有著想要轉型的念頭，正在思考未來方向時，剛好透過臉書又和趙大鼻老師有了接觸。當時的他已經離開金融業，成為知名的講師，也在公益領域有一定的名聲。我透過臉書和他溝通我的狀況，也剛好趙大鼻老師當時創建了益師益友協會，我和他約時間見了面，相談甚歡，非常認同他的理念，後來益師益友協會準備在南部成立分會，趙老師派人支援擔任會長，我則擔任高雄分會的會長、副會長、秘書長……等職，直到 2018 年底才將秘書長一職交辦給新人。

也就是在那段時間，我在講師界認識許多很好的朋友，期間還合作出版第一本書。擔任統籌的我，也因此熟悉了出版流程，之後跨界到出版界。而雖然原本的協會是屬於非營利機構，但我們創建事業，還是要朝商業模式發展，因此我在 106 年 9 月創立了凱雅郡。

凱雅郡，英文的寫法是 Create Dreams，也就是一個創造夢想的公司。藉由這個平台，我可以協助講師們接案以及拓展培訓市場，並且隨著經驗越來越豐富，公司可以承接的專案也越來越多。我們有充沛的人才，共創一個有成長願景的事業。

這就是我核心職能的變形，我從金融業轉變到現在的產業，但在我的資歷中，都還是會看到「助人」這樣的字眼。只不過，從前我協助人理財，現在我協助講師們找舞台，並且在過程中，也藉以幫助更多人學習成長。

認清自己工作的目的是什麼？

　　提起我的轉變，很多朋友接著會問，我的情況適合他們嗎？當我轉變的時候，會不會有經濟上的壓力？

　　其實對真正的「斜槓青年」來說，他在斜槓前，勢必擁有一定的實力，那是植基於核心本職學能的專長。所謂斜槓，不是看似懂一大堆東西，但其實都是半瓶醋；真正的斜槓，其核心能力一定可以為自己帶來生計保障。以我來說，我在創立凱雅郡時，已經在金融業擁有豐富的資歷，我擁有被高度認可與信賴的特質，可以有彈性的工作時間，這讓我有餘力可以投入創業。

　　而談起斜槓，這裡必須澄清一個迷思，斜槓，不是為了「賺更多錢」斜槓，其實是一種人生自我實現。如果賺錢了，那只是附帶的果實。真正的斜槓，不是個想方設法的概念，斜槓一定是歡歡喜喜，在從事自己喜歡工作的前提下，追求豐富的人生。

　　每位讀者站在你現在的立基點上，不論你是社會新鮮人，或是資深職場上班族，若要斜槓，必須先要找到自己「真正喜歡的東西」。但這裡要澄清另一個迷思，許多人會講，我的興趣都不能跟工作結合。這是錯誤的思維方式。我們不是先找興趣再配合興趣找工作，畢竟，說起興趣，那誰不喜歡吃喝玩樂呢？難道大家都要找能吃喝玩樂的工

作嗎？真正的做法，應該是「從工作中找出興趣」。

很少人一出生就知道自己最專長的是什麼，例如保險業，不可能有人天生的興趣就是「做保險」但反過來看，當一個人身處保險業，卻有機會找到他的興趣與專長。例如有人發現他們喜歡與人溝通，他能夠與不同個性的人都聊得很愉快；有人發現他對數字計算很有興趣，幫客戶規劃理財時他非常樂在其中。這些都是植基於工作上的興趣，而非先發現自己可能喜歡數字，才投入保險業的。

以這樣的角度來看，年輕人初入社會工作，其實都是處在「Try」的階段。但這是必然的過程，你不太可能坐在家裡上網逛人力銀行，就能找到「適合你的工作」，許多能力、興趣和專長等等，都是在人生經歷中逐漸摸索出來的。

所以每當有年輕人跟我說：「怎麼辦？目前工作不是我的興趣」。我都要反問，你是否真正地為自己的工作盡心，還是一開始就抱著錯誤態度在做事？例如有人一開始就抱著委屈心態，認為自己「不得不」在這上班，不得不「為五斗米折腰」。試問，有多少上班族或在各行各業服務的人，工作不是為了「五斗米」？但同時間他們的心態卻可以很不同，一個認為自己「折腰很委屈」，跟一個把工作做到好，並從中找到樂趣的人，生涯發展是絕對不會一樣的。

★ 一個做一行怨一行的人，就算後來身兼多職，也不能說他是斜槓青年。

★ 能夠把本業做好，並且確認自己核心職能，以此為中心發展出的多
　 樣工作屬性，才算是斜槓青年。

你重視自己工作的價值嗎？

　　工作一定是有樂趣的，如果每天工作都很痛苦，並且預計一輩子
都如此，那這樣的人生也太悲情了。過往在金融界服務時，我最大的
喜悅是為擁有不同理財特質的人，做出最適合的理財建議，讓他們的
人生因為理財順利，而有好的發展。

　　後來我投入出版工作，雖然當初是這個領域的新手。但我真的很
開心，我可以在過程中和不同的老師交流學習，書籍的出版讓我認識
很多新朋友，過程中有任何的難關，稿子進展耽誤或者出版發行的種
種困惑，也因為大家同心協力度過，而擁有彌足珍貴的友誼。

　　很多人工作不快樂，追根究柢，一定是工作態度上出了問題。以
我過往從事的金融業為例，我知道有些同業工作得不快樂。當我身為
保險從業人員，我聽聞有不少同業，為了業績還得私下退佣金給買方；
而我身為理財諮詢人員，也經歷過幾次的金融風暴，每當那時候，許
多理專都壓力重重，甚至在危機發生後，有理專因為壓力太大選擇輕
生。但我本身卻很少碰到這類困擾，因為我一開始就把自己定位的很

清楚。

先來說說理專的部分，由於我很堅定我的核心職能及興趣，就是「靠著對人的敏銳度來幫助人」，因此工作上我也定位清楚。當有人來找我諮商，我不是抱著拚業績的態度，而是基於「幫助眼前這位投資人」的態度。

我不會跟客戶吹牛說投資一定會賺大錢，我會跟他談，市場本就存在一定的風險。關於投資，我也請客戶要心態正確，投資依照專業，可以找到適合的「投資區間」，但絕不可能存在著穩賺不賠的「時間點」。任何時候，我提供的投資諮詢，絕對因人而異。因為每個人可以承受風險的心臟不同，我會跟投資人說，一個人不要既想要賺大錢又要保證零風險，世界上沒有這樣的產品。但依照每個人的屬性，我會建議不同的產品規劃。**我常跟客戶說，賺錢很辛苦啊！你為何要花錢去買「恐懼」？為何要花錢買一個讓自己日夜擔心受怕的東西？每個人該量力而為，如果你是喜歡冒險的人，那很好，我願意幫你規劃高報酬但也高風險的產品，如果你不是，那就採取穩紮穩打策略吧！**

也就是因為如此，就算後來發生各種金融風暴或市場上的漲漲跌跌，投資人也從不會把抱怨的矛頭指向我。相反的，當初那些為了業績，而拜託客戶「捧場」的人，一旦市場發生狀況，就會面臨排山倒海的指責。

但說到底，我們是理財諮商師，但出問題的是我們嗎？我們提出

建議，但做決定的絕對是客戶自己。如果市場出問題，那每個人要自己對自己負責，除非是人為的，例如理專捲款潛逃，那才該怪罪理專。

當一個人願意把龐大金額，都交給理專處理，而自己只想坐享其成，那一刻就已經宣示放棄自己的權利了，再怎樣也不能在慘賠後過來興師問罪。

同樣的，以保險產業來說，很多保險業務員抱怨的狀況是，客戶會要求退佣。為什麼會有這種問題？一定是一開始，業務員就抱持著「希望幫客戶為自己做業績」的心態，這種拜託客戶幫忙的錯誤心態，自然引發後續的種種問題。

我當然也會碰到要求退佣、要求打折、要求送這送那的客戶。我的態度總是很明確，我提供的是我的專業，如果你認同我的專業，那就不該和我要求打折。當客戶說，可是人家某某某，都說可以用優惠價提供服務耶！那我就說，歡迎你去找他，但你有沒有想過，當你要求打折要求退佣要求各種優惠時，相對的，就代表業務員損失他本來可以賺得的利潤，有沒有想過，當一個人工作沒利潤，那他可以支撐多久？到頭來，他為了表面上的業績，實際上卻賺不到錢，這樣他沒錢生活，最後一定不得不離職。當你買了這樣的服務，後續服務出狀況，這是你要的嗎？

因此我立場堅定，我秉持專業提供服務，但我絕不靠殺價來挽留客戶。多年下來，我依然業績可以保持領先，客戶也與我互動密切。

總論

所以不要再迷信殺價才是王道,當一個人殺價的同時也等於在貶損自我的價值,連自我價值都沒了,那工作又有什麼意義?

讓我們真正為自己的工作負責,也信任自己的專業。這樣就能讓工作真正地感到開心。

你的每個斜槓都夠專業嗎?

多年來的職場經驗,我確定一件事,這世界上大部分的事物都是對價的。一個人為何業績頂尖?一定是他有投入符合他高業績標準的專業及服務熱誠。

一個人為何受客戶歡迎?一定是他對客戶付出的真心,長期下來換得客戶的認同。

包括對人對事,如同你對小朋友發自內心的關懷,那你也會得到孩子們真心的擁戴一般。

如果一個人選擇抱怨東抱怨西的工作模式,那他抱怨的所有事情,也都會像鏡子般,將他的怨念全部反射給他。抱怨客戶的,本身也會被客戶討厭;抱怨工作的,工作一定做得零零落落。

付出怎樣的態度,就獲得怎樣的回報。而相較來說,我們該在意的,應該是如何讓自己的影響力更廣。好比說,對人對事我們都要有

正確態度，但接著要考量評估的，是自己該選擇怎樣的服務場域？ 好比說，你是頂尖的廚師，你若能進入國際級大飯店，會比在鄉間小吃店要來得適合；如果你有滿腦子的淑世智慧，那如果可以在大型演講廳演說，會比只在小鎮學校對小朋友講課好。

當年我轉換跑道的原因，不是我不喜歡我的工作，而是我想幫助更多的人。與其只在學校輔導兩三個學生，我希望可以透過協會幫助更多的人。

其實助人是我從小的職志，小時候，我經過公園看到有流浪漢，居無定所，冬天裡縮在破爛的棉被，報紙上也偶爾看到流浪漢凍死的新聞。當時我才一個中學生，就已懂得主動去市政府留言，以「市民」立場提出質疑，為何政府針對流浪漢不做點事？

曾經大學畢業後，我有股衝動，想投入國際志工機構，到海外去助人。後來聽到朋友一席話：**「如果妳連自己家人都照顧不好，卻奢談去幫助其他人，這樣似乎本末倒置，當家人老去卻沒有足夠經濟能力，這樣的妳算孝順嗎？」**

也正因為朋友的話，我認清一個事實，這也是我要和讀者分享的，不論你想從事怎樣的斜槓，你構築多大的夢想。一件最基礎要做好的事，你必須有能力養活自己，以及照顧好你的家人。

當你看到許多社會的不公義或資源缺乏，卻感到自己有心無力時，那就代表著因為你實力太弱，所以才如此的無奈。那麼你真正該

做的，就是要充實壯大自己。不要再想著我興趣和工作不合，不要每天肖想著有輕鬆容易的工作機會上門。

今天一個人想要斜槓，也不要忘記，每一個斜槓，都必須靠實力累積。

就好比今天你是某個企業的業績高手，你是某個領域的專業講師，那肯定是累積出來的，不是你去公司報到第一天你就是高手。同樣的，今天你要拓展每一個斜槓項目，也都是從零開始。我在金融業服務，是從最基層的內勤行政人員做起，我後來做出版，也是從毫無經驗，一步步摸索出來。

我能夠成為斜槓，但同時我也可以大聲的說，我真的在我每個列出的領域，都做到真正專業，這所謂專業，不是自我吹捧，而是經過客戶的肯定。

如果你要成為斜槓青年，也請切記，要讓自己全方位都做到好，只有你真的做到專業標準的項目，才可以列入你的斜槓裡。

到底該如何斜槓？

回歸到讀者最關心的問題，所以到底要怎樣斜槓？

第一件事，如同前述，要找到你的「核心職能」，然後確認你

想要做到怎樣的你。例如我的核心職能是「與人互動，跟助人有關的事」，我也在這個基礎上，投入每件事，由零開始，把每件事都做到好。

我總告訴朋友們，人都需要有夢，卻不能做不切實際的夢。我的個性有浪漫的一面，但在工作上，我卻絕對務實。我不管投入保險、投入銀行理財，投入培訓，我都不會丟掉我的核心本質，我永遠會做好財務計算規劃。

任何人再怎麼發展人生，絕不能放掉自己的本職核心。至於各項斜槓項目，都是在你行有餘力時，才逐漸外掛的。

我也會珍惜，追求斜槓過程中任何的機會。好比說，我的個性本來是比較愛好自由的，因此過往在金融產業，我做的也多半是個人型業務。但這樣的我，後來自己創業，自己主責很多工作，也因此我得接受很多人的監督。我卻也覺得這對我來說是一種好事。

一直以來，我雖認真工作，也維持自己和家人一定的經濟能力。但本質上我不是個金錢慾望強大的人，我樂於做公益多於拚高業績。而這樣的我成為企業老闆，就必須有所改變。而剛好那些督促我的人，都變成推動我必須更打拼的人，所以我認為這是好事。

但即便如此，我所謂的拓展事業，並不是直接和賺大錢畫等號。我覺得這件事很重要，也是我要和讀者強調的。

關於斜槓，斜槓不是為了生存，你本職學能就可以讓你賺錢。斜槓只是讓生活變有趣，讓你接觸不同領域的人，把你的工作變有趣。

可能原本你的核心工作有趣的部分較少，但透過斜槓，你可以讓工作激盪出新的火花，讓工作有趣起來。

其實這道理也適用在任何學習上。好比說，有人會問，為何要讀那麼多書？像中學時代背過的詩詞，念過的理化公式，可能長大後都忘了。如果註定會忘，那當時為何要背誦？

我的答案，讀書，是為了讓你的知識串聯。一個人讀越多的書，就可以串聯越多的樂趣。好比一個人讀歷史，只記得戰國時代的兵器是青銅做的，後來讀了化學，了解金屬合成的原理，知道所謂青銅兵器是怎麼製造出來的。因為多讀書，讓每個學問都更有樂趣。

這樣的串聯，也正是斜槓的精華。你本來是 A 領域工作的專家，但後來因為投入 B 領域的學習，把 B 的觀念導入 A 工作，於是 A 工作變得更多采多姿。而原本以 A 工作的核心職能，你可以進而拓展 BCDE……等不同領域的專業，也就是所謂的斜槓。這些斜槓項目，又互相影響彼此，形成一種正面循環。

我想，這樣闡述的模式，正就是斜槓真正的價值所在。

總之，斜槓絕非個別獨立的項目，相反的，斜槓應該要彼此能夠相互支援。

而當每個斜槓項目都達到一定的成果，當然有機會可以做轉移。

好比我可以從金融產業轉移到培訓產業，只要核心職能不變，我的任何轉移，都只是斜槓項目的移轉，任何時刻，我再重回原本的項目，也都依然可以勝任愉快。

斜槓箴言：
今天你斜槓了嗎？

和本書的九位作者，有了這樣跨平台的互動，是否對你現在的斜槓狀態，有更多的啟發？

也許你本就是斜槓青年，現在透過認識不同產業的前輩，了解他們的斜槓觀念，相信對你本身的職涯會帶來更多可能。

也許你原本還站在斜槓圈的外圍，不是你心存觀望，而是不知如何著手，那麼結合本書作者群的智慧分享，相信你現在已有了更多的體悟。

更且，如同本書一開頭就曾說，這本書本身也是一個斜槓。也就是說，讀者和作者的互動，其實也可以跨平台帶來影響力。讀者們可以針對本書某部分的觀念做進一步了解，或者想跟某個產業有更多的斜槓連結。在書中都附上了個別作者的平台聯繫媒介，也歡迎多加利用。

以下，也和各位讀者複習本書的種種斜槓箴言：

斜槓箴言

⭐ 程云美

· 真正要達到斜槓的境界，要從核心價值出發，將自身領域的專長透過整合彼此連結變成助力，帶來新的價值。

· 薪水福利是有階段性的，現在不代表永遠，但資歷經驗能力以及眼界開拓的累積卻可以是一輩子的。年輕最大的本錢就是時間，與其斤斤計較一千兩千的加薪，不如將焦點放在打下長遠人生幸福的基礎。

⭐ 黃昱仁

· 斜槓，是指一個人擁有不同的職能，每個職能可以創造不同的工作價值。真正的斜槓，是一種可以藉由你「這個人本身」幫人群服務，並取得認可。

· 斜槓，不是掛個頭銜炫耀用的，斜槓，是一種自我承諾，也是一種責任義務，代表我願意用那個身分，為你提供服務。

⭐ 黃柏勳

· 如果真的要幫助人，那就必須設法「站在他的角度」，如果可能，最好能夠更懂對方的語言。為此，必須讓自己不斷學習。這也是斜槓的一種動力。

· 以前學習可能是興趣，是自我成長，但現在可能不學，就會被淘汰了。這是現代人對斜槓很重要的基本認知。基本上，斜槓不只是一種身分顯示，斜槓也是一種心態，引領你在人生過程中不斷自我 Update。

⭐ 李建興

- 現代流行「斜槓」這個字眼，早年雖然沒有這個詞，但其實若以教學來說，如果學習可以做到「觸類旁通」，將原本不同領域的專業連結在一起，讓學習真的發揮更寬廣的空間，那樣不也是「斜槓」的具體應用。

- 如果說，中學時代的物理、化學、數學等，可能有所謂的標準答案，那麼到了大學的管理課程，絕對就不會有標準答案這回事。優秀的老師會鼓勵學生，挑戰老師的答案。甚至他說，如果學生的答案比老師的更好，可以給他更高的成績。事實上，站在斜槓的視野，任何的學習都是這樣。沒有標準答案，只有更好的答案。

⭐ 李鳳玲

- 行銷就是「把各種資源像珍珠一般有效串連起來的藝術」。

- 所有的資歷，任何你拜訪的客戶及見聞，都會變成資源。以人生來說，何嘗不也是如此，一個人生命經歷越多，也就擁有更多的資源，包含知識、眼界、新觀點，也包含人脈、產業秘辛、不同的作業方式訣竅等等。斜槓人生，也就是擁有豐富資源的人生。

- 所謂斜槓，是指一個人同時具備不同的專長，這些專長都能帶給當事人一定的收益，在創造影響力的同時，不同的專長彼此間也可以有加乘效果，讓一個斜槓者可以發揮更強大的功能。

⭐ 羅浩展

- 關於斜槓，有時候，到目的地最佳的路程，不是一直線，如果每一步都能認真走，最遠的路反而是前往目的地的捷徑，斜槓青年就是這樣走出來的。

- 制式的生涯規劃早已無法面對多變且挑戰的未來，職涯的發展重點在於自己是否具備核心能力以及對工作的熱忱，如果少了核心能力，如何斜槓出其他因應變化的能力；如果沒有熱忱，如何在挑戰下，堅持自己的夢想，走得更遠更長。

⭐ 方曉珍

- 對我來說，我希望經營的是一個平台，利用我的平台資源，可以讓我的客戶得到全方位的服務。這就是斜槓。

- 品牌是王道，一個人與其將焦點放在如何賺更多錢，不如將焦點放在如何讓自己成為一個品牌。只要有知名度，就會有指名度，那金錢就會跟著來。

⭐ 陳雷

- 許多時候，因為大環境背景，可能時機尚未成熟，所以成長時候各階段的學習，並不會立刻派上用場。但並非學習無用，每一次的學習，都讓自己的未來增加更多的可能性。

- 企業少有永恆的，每個人不該將自己的人生賭在一家企業上，唯有發展出自己無可取代的實力，才是職場必勝王道。

⭐ 楊璦妃

- 也許我們無法充分掌控自己會從事什麼工作，但我們確實可以掌握的，就是如何把被委任的工作做到最好。

- 常常有人問，我上這個課到底有沒有用？我要說，你「有用」就有用，「沒用」就沒用。有用心的人，人生就會累積，你讓自己這個人學以致用，變得「有用」，人生就會晉升到新階段。

相信以上來自九位不同領域的老師分享的斜槓箴言，可以為各位讀者打造創意 / 創業 / 創新各種發展模式的斜槓。這裡我也補充一下來自主編我的箴言，請各位讀者也再多一兩條斜槓：

★ 任何人再怎麼發展人生，絕不能放掉自己的本職核心。至於各項斜槓項目，都是在你行有餘力時，才逐漸外掛的。

★ 斜槓不是為了生存，你本職學能就可以讓你賺錢。

★ 斜槓只是讓生活變有趣，讓你接觸不同領域的人，把你的工作變有趣。

★ 可能原本你的核心工作有趣的部分較少，但透過斜槓，你可以讓工作激盪出新的火花，讓工作有趣起來。

最後，對讀者的建議：

要讓自己斜槓，先找出核心職能，再以專業及學習熱誠逐步建立起你的斜槓領域。

而特別是對於年輕人來說，由於過往的資歷還不夠，甚至有些都還是在學學生，完全沒工作經驗。

那麼，我給你們一個字：Try

趁年輕，年輕最大的本錢就是時間，你就是設法 Try Try Try，偶爾玩玩可以，但盡量不要把太多時間浪費在言不及義的喝酒玩鬧，或是沉迷線上世界，請讓自己去職場 Try Try Try。

這件事越年輕越有利，畢竟等到三四十歲以後，隨著各種責任加重，要想 Try 就不容易了。

曾經有人做了統計，專訪許多面臨癌末或生命垂危狀況的人，問他們這一生最後悔的事是什麼，共通的一個回應，就是後悔「沒趁自己還健康時，做想做的事。」例如後悔沒多愛家人，後悔沒趁年輕去爬想爬的山，後悔當年沒有冒險去闖闖等。

要知道，人生走到後面，賺再多錢都一樣帶不走，金錢只是實現生活目標的工具而已。

就好比，許多人問我，為何要讓自己斜槓？這問題正確答案，其實是要問每一個人自己，因為正確答案應該在人們自己心中。

斜槓不是為了賺更多錢，斜槓是要讓自己人生更充實，你要的是自我實現，而非賺很多錢，卻感到內心空虛。

最終，斜槓的關鍵在於你的心態。

人生如何抉擇，如何斜槓？甚至，要不要斜槓？

答案有賴每個人自己去 Try 出來。

願每個人都能追求到自己真正想要的人生

幸福，掌握在你自己的手裡，而非斜槓的項目裡。

願人們都擁有「快樂／幸福／充實／成長／刺激／精彩／難忘／感恩……」夢想成真的人生。

斜槓人生大未來

從專業到跨界，全世界都在學的創業與就業的新觀念

主　　　編／車姵醗
出版 經紀／凱雅郡股份有限公司
出版 企劃／黃柏勳、程云美
造型 設計／方曉珍
責任 編輯／Tiffany
美術 編輯／申朗創意

總　編　輯／賈俊國
副總編輯／蘇士尹
編　　　輯／高懿萩
行銷企畫／張莉榮・蕭羽猜

發　行　人／何飛鵬
法律 顧問／元禾法律事務所王子文律師
出　　　版／布克文化出版事業部
　　　　　　台北市中山區民生東路二段 141 號 8 樓
　　　　　　電話：(02)2500-7008　傳真：(02)2502-7676
　　　　　　Email：sbooker.service@cite.com.tw
發　　　行／英屬蓋曼群島商家庭傳媒股份有限公司城邦分公司
　　　　　　台北市中山區民生東路二段 141 號 2 樓
　　　　　　書虫客服服務專線：(02)2500-7718；2500-7719
　　　　　　24 小時傳真專線：(02)2500-1990；2500-1991
　　　　　　劃撥帳號：19863813；戶名：書虫股份有限公司
　　　　　　讀者服務信箱：service@readingclub.com.tw
香港發行所／城邦（香港）出版集團有限公司
　　　　　　香港灣仔駱克道 193 號東超商業中心 1 樓
　　　　　　電話：+852-2508-6231　　傳真：+852-2578-9337
　　　　　　Email：hkcite@biznetvigator.com
馬新發行所／城邦（馬新）出版集團 Cité (M) Sdn. Bhd.
　　　　　　41, Jalan Radin Anum, Bandar Baru Sri Petaling,
　　　　　　57000 Kuala Lumpur, Malaysia
　　　　　　電話：+603- 9057-8822　　傳真：+603- 9057-6622
　　　　　　Email：cite@cite.com.my
印　　　刷／卡樂彩色製版印刷有限公司
初　　　版／2020 年（民 109）1 月
售　　　價／300 元
Ｉ Ｓ Ｂ Ｎ／978-986-5405-46-5

城邦讀書花園
www.cite.com.tw　WWW.SBOOKER.COM.TW　布克文化